TABLE OF CONTENTS

Easy Sudoku 03

Medium Sudoku 15

Hard Sudoku 29

Solutions 43

1

Puzzle 1

5		6						7
	9	3				1		
8	4	7			5			6
9	7			1	3		6	
4					6		8	
	2		5		9			
1				6		5		9
3	6	9	2	5			7	
7		4			8			

Puzzle 2

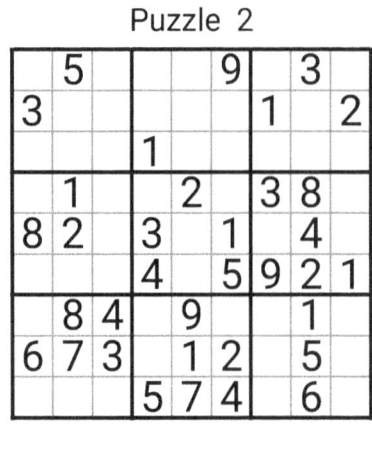

	5			9		3		
3						1		2
			1					
	1		2			3	8	
8	2		3		1		4	
			4		5	9	2	1
	8	4		9			1	
6	7	3		1	2		5	
			5	7	4		6	

Puzzle 3

3		7	8		6	1		
	4			9	2	8		6
			3	4				
		1					8	9
	1	3		6	8		2	7
	2				6			
	6	8	5	3	4	7		
4			2			3	6	
			6			5		

Puzzle 4

	4				3			
1		5		6	2			
8	6				1		4	
4	1		6	8				2
	9		2	5	4		8	
2				3				9
9		6	8	4		5	3	1
3				2				7
				3				4

Puzzle 5

3		4		6		7	9	
6	7	9		2		1		5
7		1	2		6		8	
	8				7			4
5		2		8			7	1
1				4		2	3	
		8	7	3	2			
2		3				4		

Puzzle 6

						1		2
6			3	5			7	
9		8	4	2				6
	5	3	7		8			
7	2			3	6			5
	6				5		1	3
	3	7	6	1	2		4	8
4						3	2	
2			5					

Puzzle 7

9				8				3
5				4		6		
1	7	2			6	8	4	
		7				9	1	
2	1			6		7		
			1		4	2	8	5
8	2	5				3		
	6			1				
3	9				4	2		

Puzzle 8

		9	8	7	2		5	
	4		9					
5			6					
7	2		4	9	8			1
6	5	1		2				9
8	9		5		6		2	7
	8			3			7	6
		7						
9	1	5		6				8

Puzzle 9

7	8		1		6	4		
						7		
	4	9	2	7	5	3		
		8	4					
				5	1	2		8
			7			9	4	5
				1	9			4
	5			8		1	2	
6	1	3		4				7

Puzzle 10

7		9	8	1		3		
			4					7
	3		7		2	4	6	9
						7		1
	7			8		2		6
6			2			5	9	
4			5	2				
		5	6		9	1	4	
1						9		5

Puzzle 11

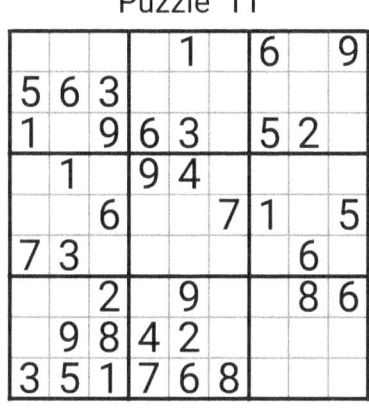

				1		6		9
5	6	3						
1		9	6	3		5	2	
	1		9	4				
		6			7	1		5
7	3					6		
		2		9			8	6
	9	8	4	2				
3	5	1	7	6	8			

Puzzle 12

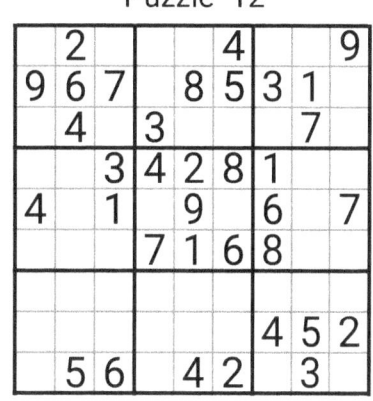

	2				4			9
9	6	7		8	5	3	1	
	4		3				7	
	3	4	2	8	1			
4		1		9		6		7
		7	1	6	8			
						4	5	2
	5	6		4	2		3	

Puzzle 13

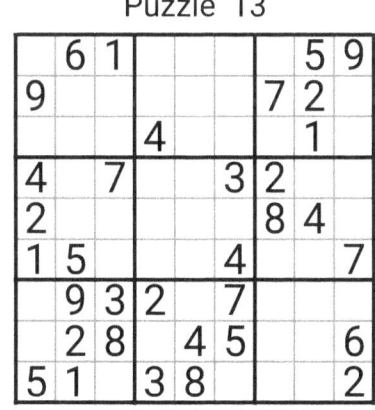

	6	1				5	9	
9					7	2		
			4			1		
4		7		3	2			
2					8	4		
1	5			4				7
	9	3	2		7			
	2	8		4	5			6
5	1		3	8				2

Puzzle 14

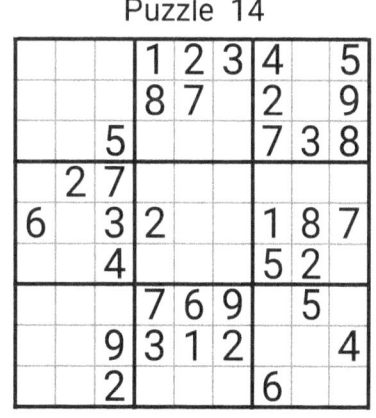

		1	2	3	4			5
				8	7	2		9
			5			7	3	8
	2	7						
6		3	2			1	8	7
		4				5	2	
			7	6	9		5	
	9	3	1	2				4
	2					6		

Puzzle 15

4	8		1					
1						9	4	
		2	4	9	6	1	5	8
8	1			3	9	2		5
		7	5	4		6		9
9		6	7				1	4
6		8	2	1				
				6		4		2

Puzzle 16

4				5		3		
				4			5	
		5		9	3	4		2
			5	6				
9	8	6		1	4			
3			4			6	1	
6	4	9		8		1		
5		1			6		2	4
8			2	4	3	1		

Puzzle 17

3	4	6			1			
		2			3			9
1		5	8		7			4
2		4	1			5	9	
9						6		3
	5					4	8	1
	6			9	2			
7		1				9		6
5		9	6					

Puzzle 18

1			6		2	8	9	4
4	6				7	1	5	
	5		4	3	1			7
		1		6	4			9
9		6		8	3		2	1
	3							
						6		
	1	5					4	
3	7		5	4		9		

Puzzle 19

3								9
5	6	1	3	2		4	8	
			8				5	
	7	3						4
6		4			8	2		5
	5					6		
	3	7	5	6		8		
	9		2	8				3
		5		3	1	7	2	6

Puzzle 20

6		9			5	1		4
	8	2	6		1	9		
3		5			4	8		6
7		8		1				
2		6			3			1
1	9		4				8	7
	3						1	
						5		9
		3				6		8

Puzzle 21

2	7			5	3		6	1
8		4		7	9	3		
	6	3	2		1	7		
					8	9	5	
3	9	2			5	1		4
		8	9		4			6
			5	8				9
								7
	8	1				4		

Puzzle 22

1			8		2	4	3	6
6			1					
8				3			5	9
	1	9			6	5	8	7
	6	3	4		7			2
				1	9			
2	7			5	3	6		
		6		4				
		1				2		5

Puzzle 23

9	5				6		2	
7	6		3	5	4			9
1	3						7	5
3		5		1		6	2	
		1			9			
		6		7				1
	1		2	3				4
2			4	6	5			
				7		8		

Puzzle 24

9	6	1			3			7
	4					8		
		8				1		3
2		9						
	7	5		9				6
			8	1	5			2
	5				9	6	3	8
	8				4		2	9
6			3	7	8		5	1

Puzzle 25

7				1	2	6		
		9	7		6			8
				8			7	5
	9	3			1	5	8	7
	7			5			6	
		5		4			3	1
	8			7			1	
5				9			4	
	1	6	8			7	5	

Puzzle 26

		7			6	9		3
2	9			7				
	4			1	2	8	6	
				6	4		7	
	5		2		1	6	8	
4	6	2		8		1		5
1		9				2	3	
	2	4			8		1	

Puzzle 27

		6		4	8	2		
1		3	6	9		4		
	8		3			6	7	9
3		4		6	9			
6			8		1		5	
8	1				3			
					6		9	1
7		1						2
2	3	9			5			6

Puzzle 28

	7		6				2	4
4	1							9
		9	3				1	7
5		4		3		7		
	9					1	5	
	2	7		6	8	4		3
			7	5		2		6
7			1	9		3	4	
2	3						7	

Puzzle 29

9			7	1	2	5	3	
2	8	7		3		4		1
		1				9	7	
3		9			8	7	1	6
		8	3		1	2		
		5	2	9				
			1		9		4	
	4			7	6		9	
							2	

Puzzle 30

		3			4		8	5
			8	6	3		1	
8	7							6
3	2	6	5			8	4	9
		1	4				6	2
			6		2		7	
				8				1
6	5		3		1			
2		8		7				

Puzzle 31

	2	3		8	1		4	6
1	8	9		5	4	7		
	6				2		8	
			4	2	6	9		3
	9				8			
2	3						6	1
	7				3	6		4
9	1	6	2					
			1	6				

Puzzle 32

				9				2
5		2		1	7			8
7	6			8	3			5
	4		1			9	8	
					9		6	
6				5	8		3	4
						8		
8	5		6	3		1		
	1		8	2	5			3

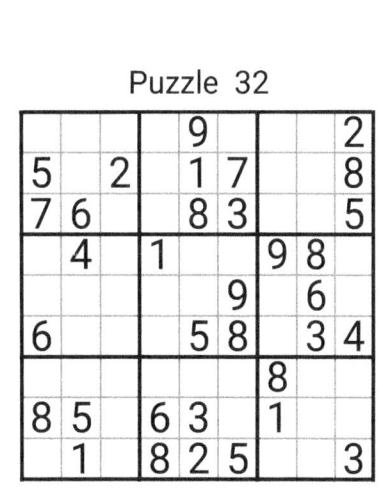

Puzzle 33

		3		4		9		
4		7	5	2		8	1	
				7		9		
3	1	5	9				8	
	2	8	3	6			4	
	4			8				5
1						6	8	
	3			1			7	4
	6	4	2			3		1

Puzzle 34

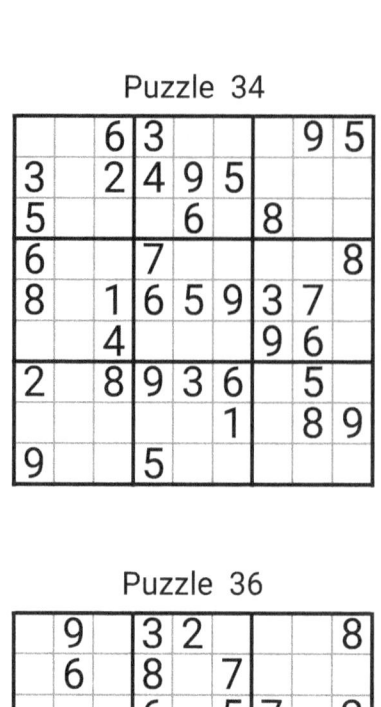

	6	3					9	5
3		2	4	9	5			
5				6		8		
6			7					8
8		1	6	5	9	3	7	
	4					9	6	
2		8	9	3	6		5	
					1		8	9
9			5					

Puzzle 35

1						2		
9			8					6
	2	6			9	8		
	6	4	5		1			2
	9				6			5
		2		7	8	4	1	
4	3				9	5	6	
		9	3			2		7
2	8		4		7	3		

Puzzle 36

	9		3	2				8
	6		8		7			
			6		5	7		2
6		5		3				
3			5	7	8	9	1	
	8				2			
2	7				6			9
	4	6		5	2			
1	5			4	3		2	7

Puzzle 37

8			6		7			
7		1	4		9	3		
	5		1		8	7	6	
		5						
6	4	3		9	5			
	1		7		2		3	
	2	6				7	4	
4	3			7		2	6	
1				4				

Puzzle 38

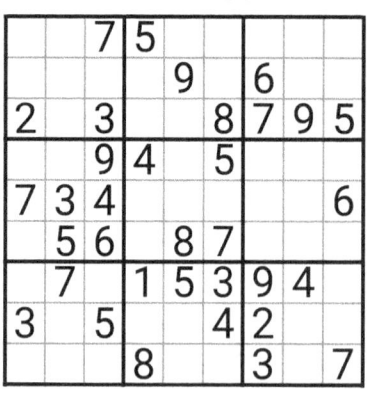

		7	5					
			9		6			
2		3			8	7	9	5
		9	4		5			
7	3	4						6
	5	6		8	7			
	7		1	5	3	9	4	
3		5			4	2		
			8			3		7

Puzzle 39

8				1		2	5	
4		3					1	
2					7		4	
7	4		1	6		9	3	
9	1	5	8	3				
				5				
6		7	3		5		1	9
1			9		8	2	5	
	9			6				

Puzzle 40

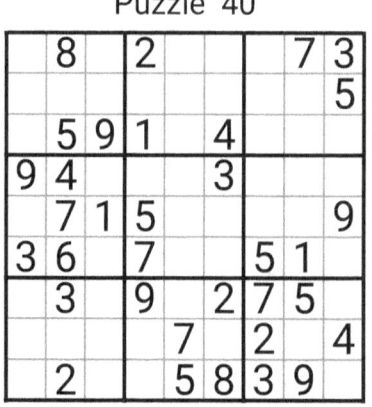

	8		2				7	3
								5
	5	9	1		4			
9	4			3				
	7	1	5					9
3	6		7			5	1	
	3		9		2	7	5	
			7		2			4
	2			5	8	3	9	

Puzzle 41

				3		2		6
		8	6				4	9
					7			
8		1		6				2
	6				4			3
3		9	1	2		7	6	5
		7		5	3	9	2	
9	2	3		8			5	
		4		9		3		

Puzzle 42

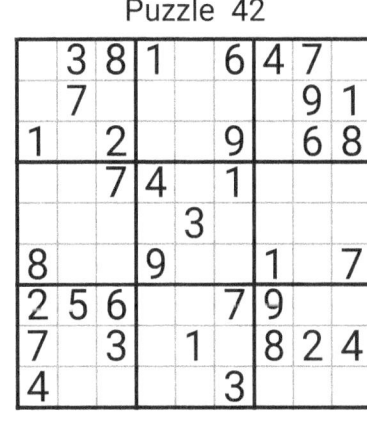

	3	8	1		6	4	7	
	7						9	1
1		2			9		6	8
		7	4		1			
				3				
8			9			1		7
2	5	6			7	9		
7		3		1		8	2	4
4					3			

Puzzle 43

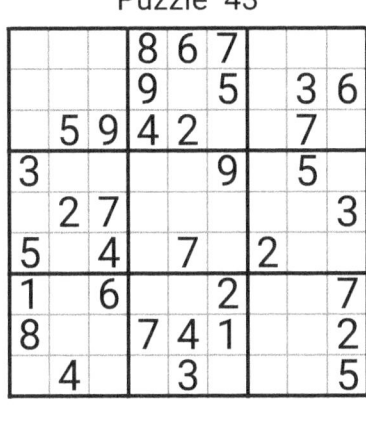

			8	6	7			
			9		5		3	6
	5	9	4	2			7	
3					9		5	
	2	7						3
5		4		7		2		
1		6			2			7
8			7	4	1			2
	4			3				5

Puzzle 44

3		8			4	1	6	
	9		7			5	8	
5			8		2	9		
	5	3		7				
8	4		2	6		3	1	
		6			3			5
7					8	6	3	
2	3		6	9		7		
	8							

Puzzle 45

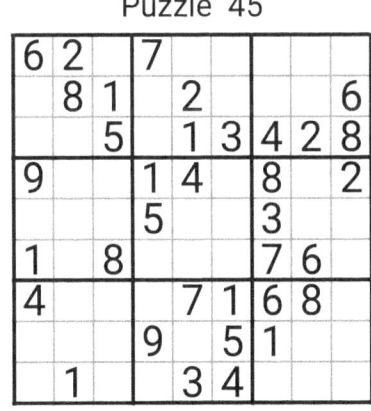

6	2		7					
	8	1		2				6
		5		1	3	4	2	8
9			1	4		8		2
			5			3		
1		8				7	6	
4				7	1	6	8	
			9		5	1		
	1			3	4			

Puzzle 46

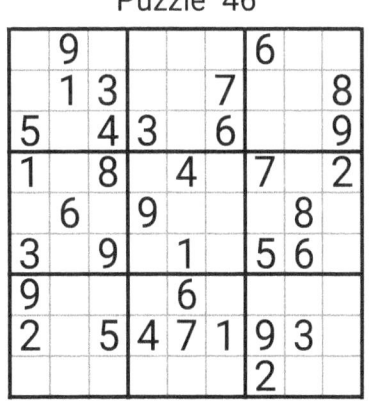

	9					6		
	1	3			7			8
5		4	3		6			9
1		8		4		7		2
	6		9				8	
3		9		1		5	6	
9				6				
2		5	4	7	1	9	3	
						2		

Puzzle 47

6			9	2	1			3
8		9	4		3		5	
4			8		6	1	7	9
			7					1
2				4	9		3	
			1				2	4
1						6		
3		2		9	7	4	1	5

Puzzle 48

		4						
7		2	5	1			9	4
	3				9			
	2			9	6		4	
3	7						8	
	1	9		2	8	3		5
1	4		9				3	6
6				3	2	4		1
	5			6	1			

Puzzle 49

		2				7	1	
	4				5			
		6			2	4		9
		8			7			
9			6		4	2		8
3			1	8	9			
2		1	4				5	7
5		4	9		1	6		2
6			5			3		

Puzzle 50

7	1		4	9	2			6
			5	7		1	8	
				8	6		4	
3				1		6	7	8
	4				3			
1	6					3		
4			9		5			2
2			4			8	1	
	9				1			5

Puzzle 51

	1		2	8		5		4
	3					9		
	8		9			7	2	
	9	1				2	5	
7				2				9
2				9			7	1
		8	7		9		4	
1	7		5		8		3	2
5	6				1			7

Puzzle 52

		7	1					
5		2		4			7	
	1	4	9			6		
1			6		8	4	9	
7				9		5		
4	3						2	6
	7					1		4
9	4			6	3			5
		6		2	1		3	

Puzzle 53

							5	
5				7		2	9	
			6		5		3	7
		2	3					
	7	6	1	5	4			
	5	4	2		8		6	
		8		2	6		1	
6	2	5	7			3	8	
	1		5		3			2

Puzzle 54

				3	1	2		
9				1				
	8		9			5		
5						9		
1			4					3
4		8	1		9		6	
8				2	5	4	9	
	6			9	8		5	1
7		9	6		1		8	2

Puzzle 55

		3	6		8	4		5
2		4			7	8	9	6
	1		9					
3		1	4	9				8
	9	7					6	
	8		1					3
		8	5	6			2	
		9	2		5	4	7	
1				4				

Puzzle 56

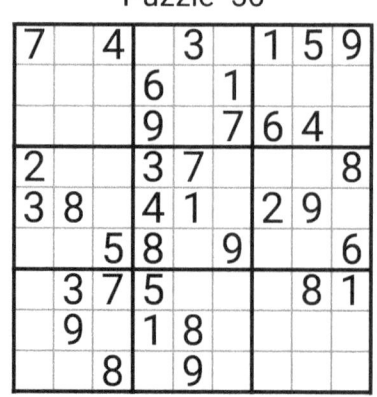

7		4		3		1	5	9
			6		1			
			9		7	6	4	
2			3	7				8
3	8		4	1		2	9	
		5	8		9			6
	3	7	5				8	1
	9		1	8				
		8		9				

Puzzle 57

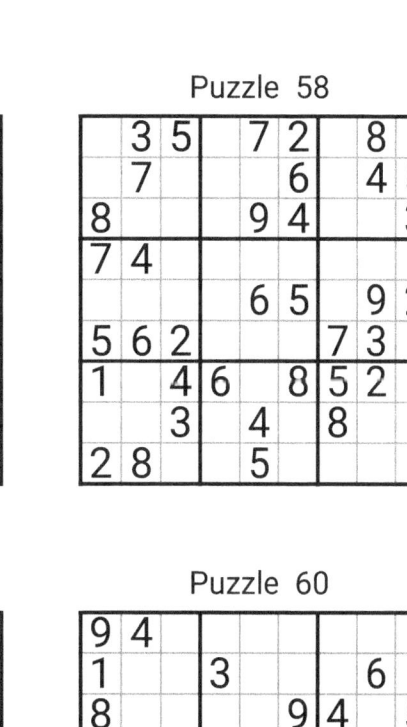

	4		1	8	5			
			6			4	7	8
		8	7	9		1	5	
	7	2	4		6			
	1	4	9		8		3	
6		9					4	
			2		1	3	6	5
		3				9		1
1								4

Puzzle 58

	3	5		7	2		8	
	7				6		4	5
8				9	4			3
7	4							
				6	5		9	2
5	6	2				7	3	
1		4	6		8	5	2	
		3		4		8		
2	8			5				

Puzzle 59

	2		6			3		
8	5	3	1					9
	1		4		5	7		
9	8	5	7					1
2				4				
	7	4	8		1	2		
					6	9	8	
	3			9	8	1	7	
		8		1	4		6	

Puzzle 60

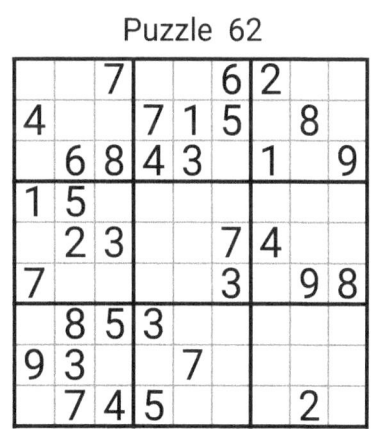

9	4							
1			3				6	
8					9	4		5
				2		5		7
	9		5		3	8	4	
5	1	4	8		7	3	9	2
3		5						4
		1	7				5	
2	7	9			5			

Puzzle 61

2	6	8			4			
9				8	1		5	2
	1		2	9		4	8	
	4							
			3		8	7	4	
		1		7			2	5
	2			1	3		7	9
	9			6	2	1	3	4
						2		8

Puzzle 62

		7			6	2		
4			7	1	5		8	
	6	8	4	3		1		9
1	5							
	2	3			7	4		
7					3		9	8
	8	5	3					
9	3			7				
	7	4	5				2	

Puzzle 63

1	7		9		2			
3			4		6	2		
4								
5	4		1	3		9		
			2			4		
					4	1		2
		8	3		5	7	2	1
		4	8			6	3	9
2	3			6		5		8

Puzzle 64

	6	5	8	2		7	3	9
9		7			6	4		
			9	3		5	6	
7		1	3					4
3				7		6		
	5					3		
		4		5			7	
8	9	3				1		6
5	7				8			3

Puzzle 65

	1	7		8	9	3		
	4			2				
	2	9	5		7	1	8	6
	8			5	1			
					8		1	
	7	4	2			9		8
4				6		7	3	
2		3		1	4	8		5
		8				4		

Puzzle 66

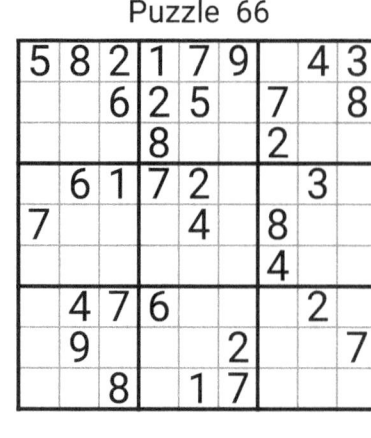

5	8	2	1	7	9		4	3
		6	2	5		7		8
			8			2		
	6	1	7	2		3		
7				4		8		
						4		
	4	7	6				2	
	9				2			7
		8		1	7			

Puzzle 67

9				3	8		1	
		8						
5	3			6	2	4		8
4					3			6
	8	9		4		1		2
6						9		4
3	9		6	8				
				1	4			
8		1	3	2		6	4	5

Puzzle 68

		8			5			2
2					7			3
		3				5		
	4	1				3		
6			5	9		2		
8	2	9	1	6	3	5		7
7				3			2	5
		6	4	8		7		
	9		7			6	1	

Puzzle 69

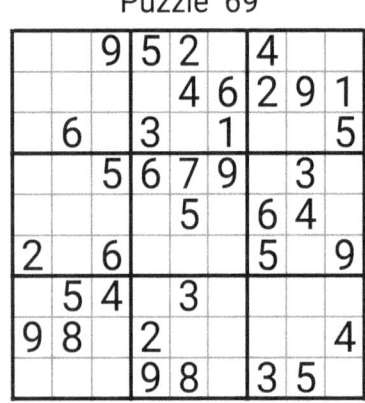

	9	5	2		4			
			4	6	2	9	1	
	6		3		1			5
		5	6	7	9		3	
			5		6	4		
2		6			5			9
	5	4		3				
9	8		2					4
			9	8		3	5	

Puzzle 70

		4	2		1		8	
5	1		9	4	8			
2	8		7		3	6	1	4
		2				1	3	7
	6			7				
	4	1		3	2			
		8			5			3
				8		2		
1			6		9			

Puzzle 71

2	9		8	5			1	
		8			1			6
7			3	2				
8	5						4	9
4	7			8			6	
	1		5	7		3	8	2
	6		1					
3		7	4		5		2	1
						9		

Puzzle 72

	5			8	1		2	7
	3	8		7		4	9	5
		7				1	6	
	1		2	4				9
4	9	6	5		7			2
		3			6	7		4
				3	9	4		
	4							
	1	9						

Puzzle 73

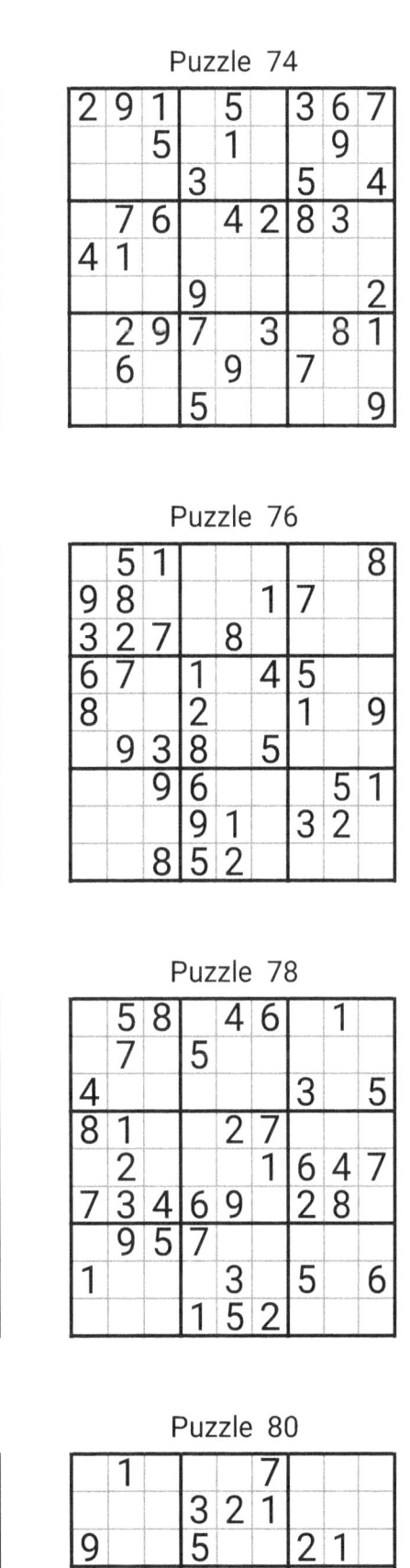

	7		1		4		6	
	3	6	5		2			7
		1				5		
	4	3	7				5	
	8	2	4		5	1	9	
		9	8					4
3			9	5		4	2	
	1	7	6		3			
5			2			7		

Puzzle 74

2	9	1		5		3	6	7
		5		1			9	
			3			5		4
	7	6		4	2	8	3	
4	1							
			9					2
	2	9	7		3		8	1
	6			9		7		
			5					9

Puzzle 75

	7		5				4	9
4						6	5	3
6								
8				7	3		9	5
1	9	7	4			3		
2			6	8		1	7	
	6		3				2	
	3				6	5		7
7	2	1				4	3	

Puzzle 76

	5	1						8
9	8				1	7		
3	2	7		8				
6	7		1		4	5		
8			2			1		9
	9	3	8		5			
		9	6				5	1
			9	1		3	2	
		8	5	2				

Puzzle 77

6			3	4	5		7	
	2			6				1
						4		
	6	4			5		1	
		1		8				
8	3			4			5	9
7		5	8	1				
1				5	3		9	
3	8	6	4	2	9			

Puzzle 78

	5	8		4	6		1	
	7		5					
4						3		5
8	1			2	7			
	2				1	6	4	7
7	3	4	6	9		2	8	
	9	5	7					
1				3		5		6
			1	5	2			

Puzzle 79

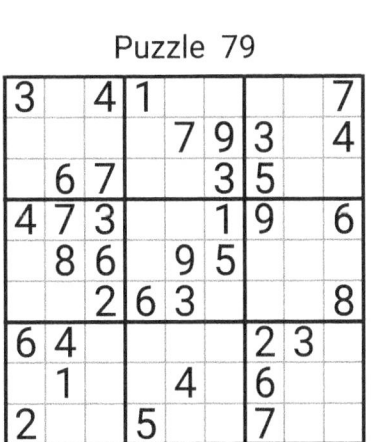

3		4	1					7
				7	9	3		4
	6	7			3	5		
4	7	3			1	9		6
	8	6		9	5			
		2	6	3				8
6	4					2	3	
	1			4		6		
2			5			7		

Puzzle 80

	1				7			
			3	2	1			
9				5			2	1
1				4		8		
2		8		9				3
			2	5	3	1		7
7		1	6	3	5	8	2	
3							7	
8	6	5					3	

Puzzle 81

							9	1
		8		3	4			
1		2		5		4		7
9	8		3					4
6	3		4			7		
			7			6	1	
2		6	5					
5	7	3	9	8		1		
8		9	6	7		3	2	

Puzzle 82

2				9	8	3	6	
	7			5	3	4		9
8	3			6			5	7
6	1	7						5
		5		7	1			3
		8				7		4
	8	3		1		5	7	6
				8	5			
5					7			

Puzzle 83

3	2				1		6	
9	5				8			7
8		1	7				5	
			4	9	2	7		
4	9			7		1		5
						6		
1						3	9	2
	7			3	6	4		
		3	8		9			6

Puzzle 84

3	7	9		1	6		2	8
	6	5			8		3	
1	2			7				6
6	5		1					7
	8	3	7	4	5			
7	4	1						
	9	7	4	5				3
			6		9			
	3		2					

Puzzle 85

	9	5	2					8
	2		1	9	8	3		4
3		8			5			9
				5	3			
	4		9		2		3	7
	3	1	6				4	
	7	3						6
		9	3		1			
2	5			6			7	

Puzzle 86

	6	5			3	1		
		3			8	7	6	
4					7	2	3	
9	2		3				8	
1		7	9			4		
		4			2			3
6		2						9
	7	9	2		6			
	5		7	3			4	2

Puzzle 87

	1	6	4	7			9	
	4		9		3			
3	9	5	2			7		
		3				6		4
	6	9	3	8				
4	7	8		2				
	3	4		9	7	2	5	1
								9
9			1		6		3	

Puzzle 88

	9		6	4	8		5	2
			3	9	1			
6					2	1		9
				4				
	2		1					7
8	1			2	7		4	
1	6			8	9			
2					5	3		
9		4	2	1	3	6	7	

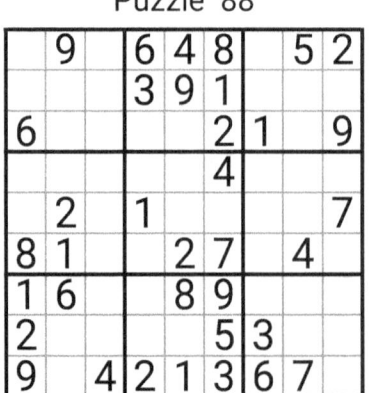

Puzzle 89

	3	1		7	9			5
	9	6			5			
		7	8					9
	7	2		5	1	9	4	
4		5	9			2	3	1
	1							
7								4
3	6	9			4		5	
1	5		6		2		8	

Puzzle 90

		2	9			1		
		6		7	8		5	2
		4	5	2	6			
	3	1	7	9			6	
	6				5	2		7
7					2	3		9
	1			8			2	5
6				5			3	
8		9						

Puzzle 91

		2			6		9	
	6	7	4			2		8
		4		3	8	6	7	
		5						9
6			3	2			8	
	7		9	5		3	6	
	4	1	7			9	5	
			5			7	1	
		3				8		4

Puzzle 92

9			4			1	7	
			6		2	3		
3	4					5	6	
2	5			7		4	9	6
6	9							8
	8	3				7		5
8	3		2					1
1					9		2	
	2		3		1	8	4	

Puzzle 93

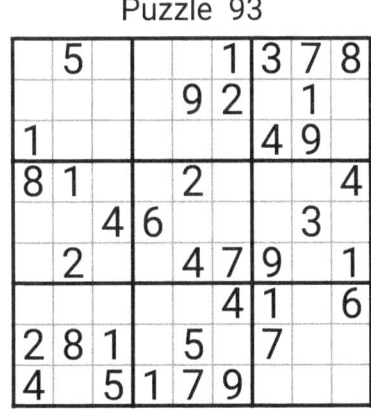

	5				1	3	7	8
				9	2		1	
1						4	9	
8	1			2				4
		4	6				3	
	2			4	7	9		1
					4	1		6
2	8	1		5		7		
4		5	1	7	9			

Puzzle 94

	3		4	8	6			
8		6	1				4	9
4						8		
			2	6	4	9	7	
			3	9	1			4
6	4	9			8			3
			8	1		3		
7	1	5	6	4			9	
				7		4		

Puzzle 95

5	9		3	8	2		7	
	3	4						
7	2		4	1		9		3
8		5			4	1		
2			8					
		3	9		7	8		2
4			5		9		6	7
3		7			8		1	9
			1					

Puzzle 96

	7			2	8		4	
		6	1		7			9
	8				3			
	4							
		3	6	4	1			
1				7	9	3		
		5	2		4		3	
7	1	2	8	3	5		9	
3	9		7	1		8		2

MEDIUM
Sudoku

Puzzle 97

	9				5		6	
			3	9	4			
8			7					
5		6	9		3	1		2
	3	1	5	4	2	7		
	8					3		9
				5				4
6		9	2			5		1
3	2	5	4		7			

Puzzle 98

5		9	1			6		
	8			3			5	
	6			7			1	
3	9		8	4	2		6	
1		7		9	6			
	4		7	5	1		9	2
8			4		7			
	3				9			6
9						4		1

Puzzle 99

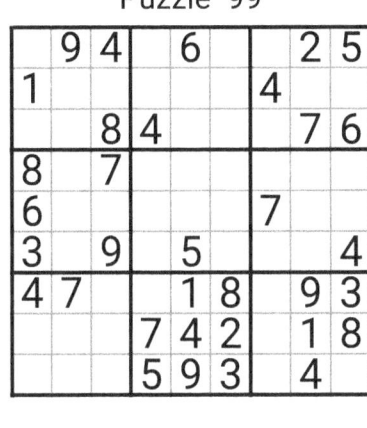

	9	4		6			2	5
1						4		
		8	4				7	6
8		7						
6						7		
3		9		5				4
4	7			1	8		9	3
			7	4	2		1	8
			5	9	3		4	

Puzzle 100

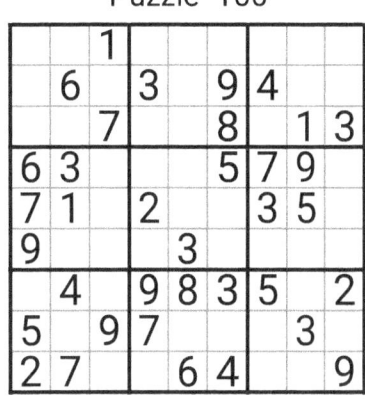

		1						
	6		3		9	4		
		7			8		1	3
6	3				5	7	9	
7	1		2			3	5	
9				3				
	4		9	8	3	5		2
5		9	7				3	
2	7			6	4			9

Puzzle 101

	9		1					
				8	5			
2	5				7			4
9				7			3	
1			2		6	4	5	
5	2	4			3	6		7
		9		6				
	6				8		1	

Puzzle 102

1	9						3	8
	5		1	3		2		
			9			5		4
			6		4	3		
	3						4	7
		4		7	3			
				6				1
5						4		
		1	5			6	8	

Puzzle 103

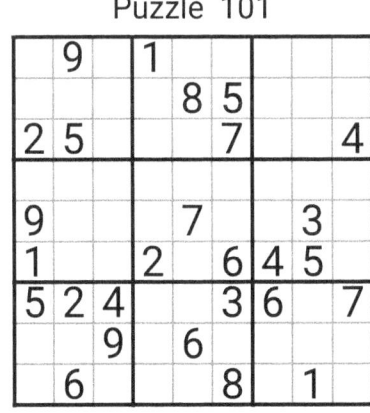

1		7	5	6				
	3	8	7			5	6	
								4
	9		3		6		4	
4		1						
				2			5	
			6			9		5
				3	9	1		
		9	1		5			6

Puzzle 104

			6	5				
			4	1	9			
		1			2			4
	1	9						8
4	3						9	2
						7		6
	7		8		6			
	8	5			1		6	
	2		3				7	

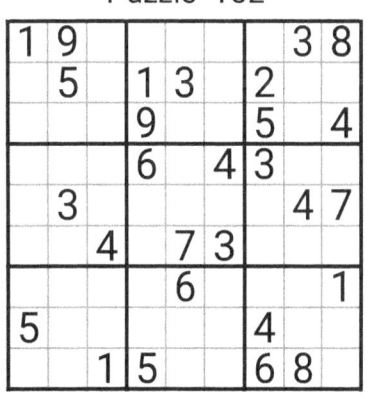

Puzzle 105

	2		8				1	
								5
5		3				7		
	1						6	
8			7	6				
6			9	3		5		
9				1	6	2		
4			5	2		6		7
		5		9		1		3

Puzzle 106

					3			
	4		3					
9	2		7		5		8	
8	9		7					6
		8	9		1			
7		3	2				8	9
2			6	5	9	1		
								2
	4				8			5

Puzzle 107

		1	7					3
8		5	1					
			2			7		
	4	6				1		
				5		3	6	8
		8				4		
9			8	3	1			
	8	4		2		6	1	
					6			

Puzzle 108

								5
					7	6		1
		6	1					
4		1			2	9		3
5		2				1		
7	8			3		6		2
1				8				
						4		
9	5	4	3		7	8		6

Puzzle 109

	1					6	9	
	3		2	1				
6		5	7					2
	7			8				
5		8	1			7		
	9					5		6
	5	9						
3			8				1	
8		7			2			

Puzzle 110

		7						3
					7			1
	6	3			5		9	
	9			6	3	1		
5		6		2				4
		8						
3		9	6	8				5
		5		4	9		3	7
								6

Puzzle 111

	9		7		8	3		5
5		4					9	7
7	6				9	4		1
		6				9	4	
	8				4			
	2	7		1				
2								
		9	2					
			8	9			3	

Puzzle 112

5	3	4				2		1
				2				3
	1	2						
	9			8		3		
				7	2			
	5		1			4		
1	2			5				
		3	2	4		6		
7			3	1				9

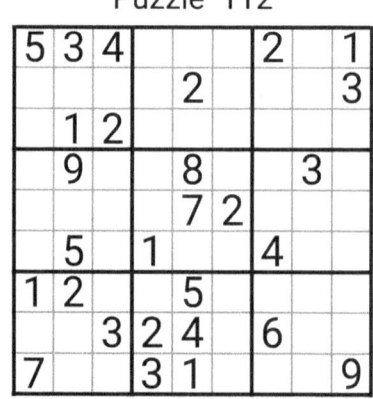

Puzzle 113

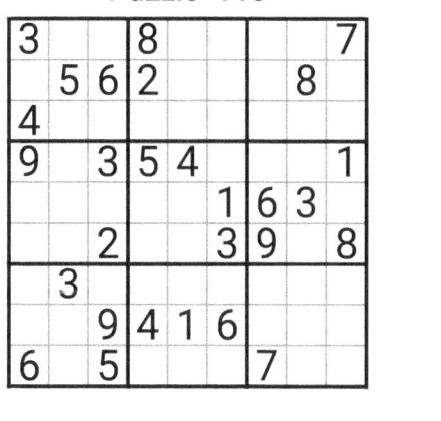

3			8					7
	5	6	2				8	
4								
9		3	5	4				1
					1	6	3	
		2			3	9		8
	3							
		9	4	1	6			
6		5				7		

Puzzle 114

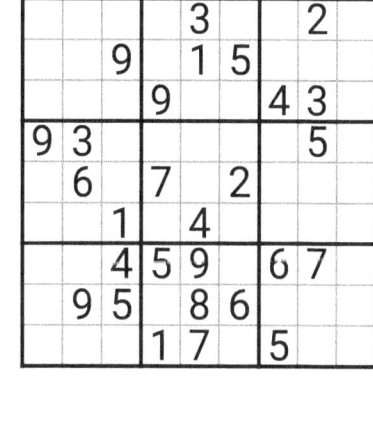

				3			2	
		9		1	5			
			9			4	3	
9	3						5	
	6		7		2			
		1		4				
		4	5	9		6	7	
	9	5		8	6			
			1	7		5		

Puzzle 115

	2		5			9		
5							7	
3					6		8	
		5				2	9	
	7		8	2	9		1	
6						3		8
								9
2		8		4	3			1
	3			5				

Puzzle 116

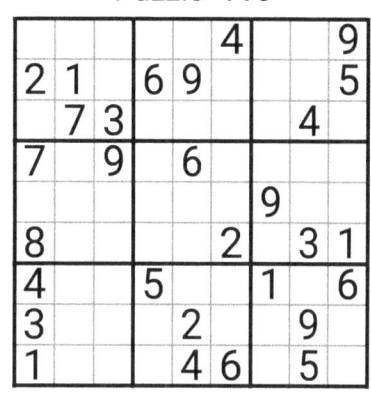

					4			9
2	1		6	9				5
	7	3					4	
7		9		6				
						9		
8					2		3	1
4			5			1		6
3				2			9	
1				4	6		5	

Puzzle 117

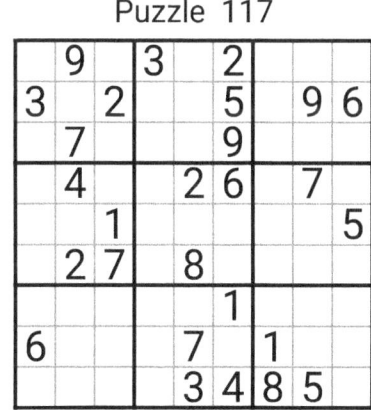

	9		3		2			
3		2			5		9	6
	7				9			
	4			2	6		7	
		1						5
	2	7		8				
					1			
6				7		1		
				3	4	8	5	

Puzzle 118

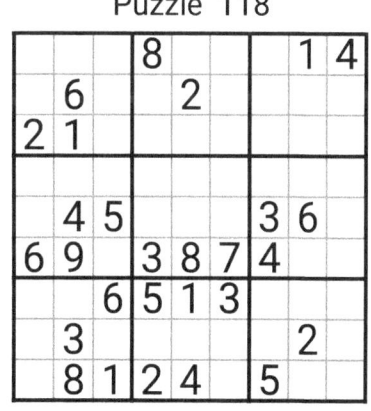

			8				1	4
	6			2				
2	1							
	4	5				3	6	
6	9		3	8	7	4		
		6	5	1	3			
	3						2	
	8	1	2	4		5		

Puzzle 119

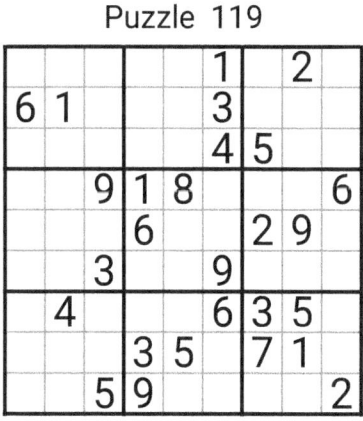

					1		2	
6	1				3			
					4	5		
		9	1	8				6
			6			2	9	
		3			9			
	4				6	3	5	
			3	5		7	1	
		5	9					2

Puzzle 120

						3		
1		8			4	9		2
6	3							
				6		4	5	
	6		1					9
		2			9		6	1
	2		3		7	6		5
				8				7
	9			4	1			

Puzzle 121

		3	1	2				6
						5		
	9	6	5					8
	7			6	9			3
5		1						
	6							
			6			8		5
	4			7	5	2		
	3				4		6	7

Puzzle 122

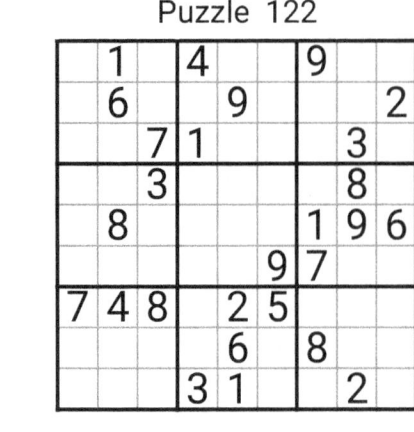

	1		4			9		
	6			9				2
		7	1				3	
		3					8	
	8					1	9	6
					9	7		
7	4	8		2	5			
				6		8		
			3	1			2	

Puzzle 123

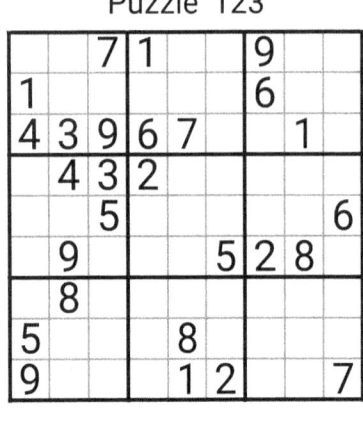

		7	1			9		
1						6		
4	3	9	6	7			1	
	4	3	2					
		5						6
	9				5	2	8	
	8							
5				8				
9				1	2			7

Puzzle 124

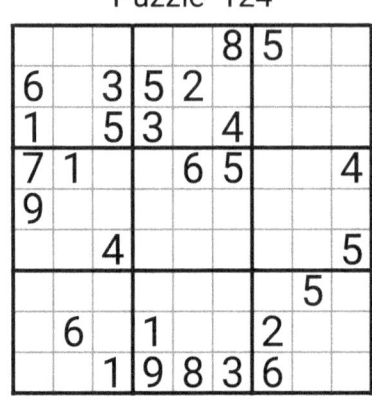

					8	5		
6		3	5	2				
1		5	3		4			
7	1			6	5			4
9								
		4						5
							5	
	6		1			2		
		1	9	8	3	6		

Puzzle 125

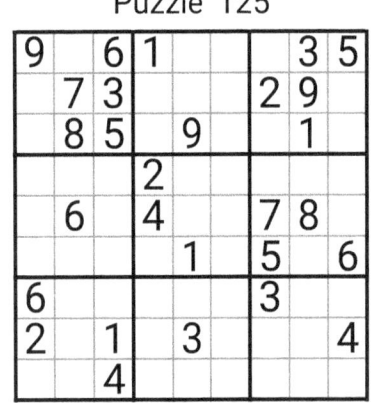

9		6	1				3	5
	7	3				2	9	
	8	5		9			1	
			2					
	6		4			7	8	
				1		5		6
6						3		
2		1		3				4
		4						

Puzzle 126

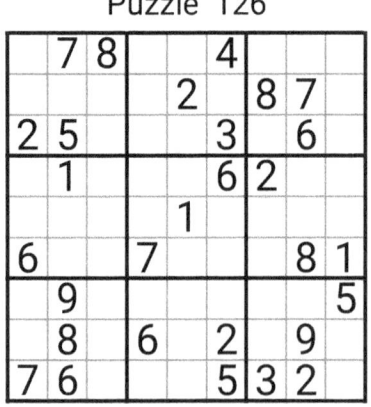

	7	8			4			
				2		8	7	
2	5				3		6	
	1				6	2		
				1				
6			7				8	1
	9							5
	8		6		2		9	
7	6				5	3	2	

Puzzle 127

3		5				7		
	8	1			5		2	
	2			6		3		
			4					
2				7	6		4	
8				9				
				5				3
	7	3	2				6	1
5			3		4			7

Puzzle 128

5			9		8		7	
9			5				4	2
	7		4	1	2			
			2		4			
	3					2		
2	5		3				6	
		6				1		9
	9	7	1				3	
				9		8		

Puzzle 129

1		5				6		
	7			9				2
						3		
	3		4	8				
			7		1		3	8
4		8						7
	4		8	5	7	2		
					3		9	6
2					9		4	

Puzzle 130

9	8							1
	3	4			5		2	
				9	8		3	7
	2			6		7		
6				5	2	8		
		1						
			5					6
3			9				8	
	4		3			2	7	

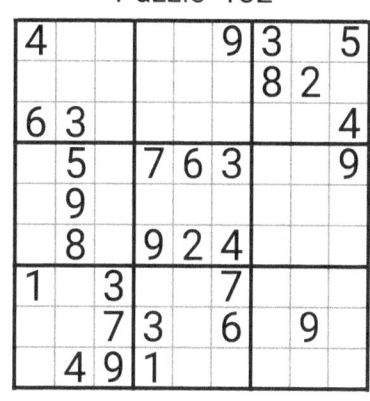

Puzzle 131

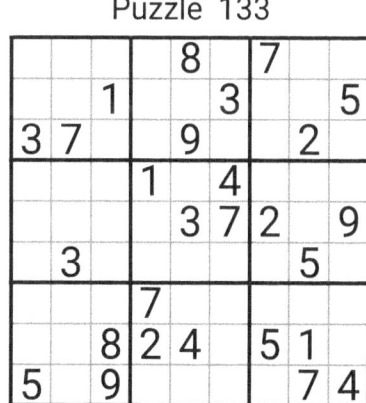

9					5			6
4	7				2	9		
		8			4			
		3	7					
1								8
		7	2		8			
			1		3			4
3		2		8		5		
8						7	3	9

Puzzle 132

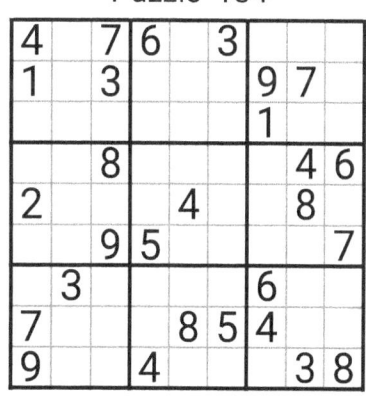

4					9	3		5
						8	2	
6	3							4
	5		7	6	3			9
	9							
	8		9	2	4			
1		3			7			
		7	3		6		9	
	4	9	1					

Puzzle 133

				8		7		
		1			3			5
3	7			9			2	
			1		4			
				3	7	2		9
	3						5	
			7					
		8	2	4		5	1	
5		9					7	4

Puzzle 134

4		7	6		3			
1		3				9	7	
						1		
		8					4	6
2				4			8	
		9	5					7
	3					6		
7				8	5	4		
9			4				3	8

Puzzle 135

				6			3	8
		3			8			9
9					5			6
	1		2					4
5				4			7	
		7	5		3			
8						9	2	
			6				4	5
	7	4					8	

Puzzle 136

		4		1				
	5			9				
					6			
6		9		8	1		7	2
		8	2	3				6
			6	5				9
		7	5		8		2	
		1		2		4		
2							8	

Puzzle 137

4		5	6	8			1	2
	6	9				5		
3			2			1	7	
9		8	5					4
			1		5			
7	9					3		
		2		7	1	4		
		1						8

Puzzle 138

			9		1		4	
3				6				
			8	4		9		
7	9			1	4			8
1		3						
		4	3			6		5
			4	8			7	6
	8		7		2	3		

Puzzle 139

	3	8						
	8	3	7		1	4		
			4	6				
	6			3	8	1		
7	2		1					
5		4	6					3
3		7	8		6	2		
4								
				5	4			

Puzzle 140

8				2		3		
								4
		3	1	8		9		
	9		2		7	4	6	
	7						8	
1					9	2	7	
				4	1			
		5		9			3	
	8			1				5

Puzzle 141

	1		8			7		3
	2		1			6		
	8		9					2
	3					5	6	
	9							4
			8	6	1			
7							4	6
			2	7	6	8	5	
8							2	7

Puzzle 142

2	8					1		
1			5			2		
			6		4			
				8	7			1
				2		9		
7			5				6	
8		2	3	5		7		
	3		4	1			2	
4	5	1				8		

Puzzle 143

			7					
	6	1		2	8			
	9					2	4	
3		6				7	1	
		7				5		6
2			1					
	2			6		8	3	4
9	3		5					
6				4	1			

Puzzle 144

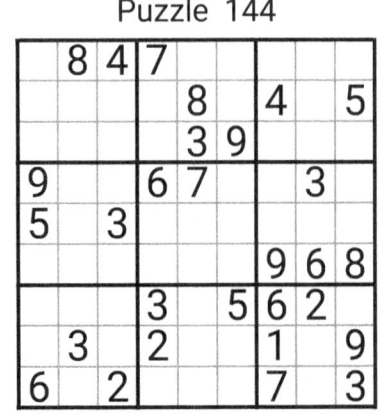

	8	4	7					
				8		4		5
				3	9			
9			6	7			3	
5		3						
						9	6	8
			3		5	6	2	
	3		2			1		9
6		2				7		3

Puzzle 145

				8		3		6
6								
2		3	7		6			
	5						7	
9		8	4			6	1	
1		7				4	9	
			8			1	6	
	4		5	1				
		1	2			7	5	

Puzzle 146

4					9			
	3		7					8
				5		3		
8		2				4		6
		4			2		7	
7	5		4	9				
			5					9
				6	7	2	8	3
	1				4	6		

Puzzle 147

8								5
	3		6	5				
	1		7			4		2
6	9	8				2	5	
		7	2			8		
1						6		3
	2				3		8	
4						9		1
7		9		2				

Puzzle 148

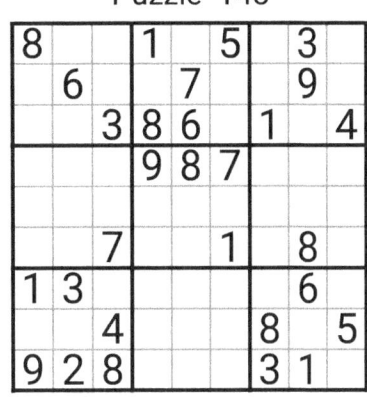

8			1		5		3	
	6			7			9	
		3	8	6		1		4
			9	8	7			
		7			1		8	
1	3						6	
		4				8		5
9	2	8				3	1	

Puzzle 149

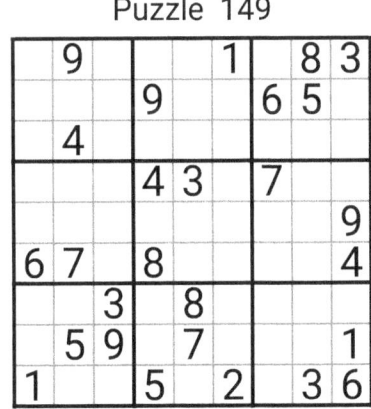

	9				1		8	3
			9			6	5	
	4							
			4	3		7		
								9
6	7		8					4
		3		8				
	5	9		7				1
1			5		2		3	6

Puzzle 150

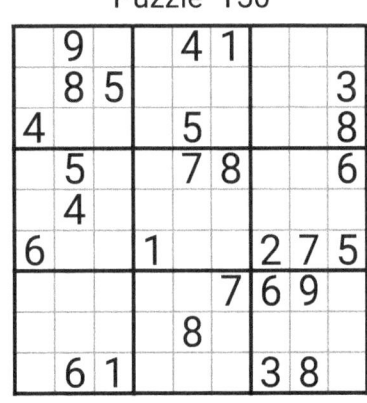

	9			4	1			
	8	5						3
4				5				8
	5			7	8			6
	4							
6			1			2	7	5
					7	6	9	
				8				
	6	1				3	8	

Puzzle 151

8	6	9					7	
1								8
4		2						
	8			5		1		
								4
9	1	7	8	4				6
		5			4		2	
6	3			8	9			
				3	5		6	

Puzzle 152

7	5						3	
9					3	4		
					6	1		
2		4	5	6				3
	3		7	2				
				4	1	6	5	
	4							
6	9	8			5			
							6	1

Puzzle 153

					1	3		9
	8	6	5					4
		7	2	1		5	8	
			7			9		
	5	2		8	4			6
	7	4						
	6			2		7		
		3	9	7				

Puzzle 154

						7	9	
				9				
	9	6		1			5	
9		7	1			2	4	
1					6			
2	6			8			1	
	3		8	6	5		2	
				3		5		8
	4							3

Puzzle 155

9	4			2	7		3	
	2					6		4
	7					2		
			9	4				2
								5
4	1					9	6	7
6			1	7				
				6	5			
7	9	1					8	6

Puzzle 156

	9						8	4
		1						
5			3			7	6	
				8				
9				5	7	8		
	1	8				2		
	2			6	1		5	
	6		7	2				
7		9	8				1	

Puzzle 157

7	5			8		4		
				4			1	5
3							2	
	9					2	4	
6				7	4			9
			5					
	1			9		6	3	8
4	6				7			
5				6				

Puzzle 158

			7			2		
9	8							
	6				9	5		
			8					1
		6	9				4	
2					5		9	
6		3	4	9	7		2	
		7	3	2		9		
				5	6			

Puzzle 159

	3	9		7				
7	1				3			2
6		8		4				
					2	3	8	
2		6	5	3				
5	4						6	9
	5				1		3	
		7			8			
								6

Puzzle 160

	6		4		3			
7	9			1			3	4
		4	1					
	8			5			6	3
							5	
		7						
	4		7	8	6			1
	1	8		4	5	9	7	

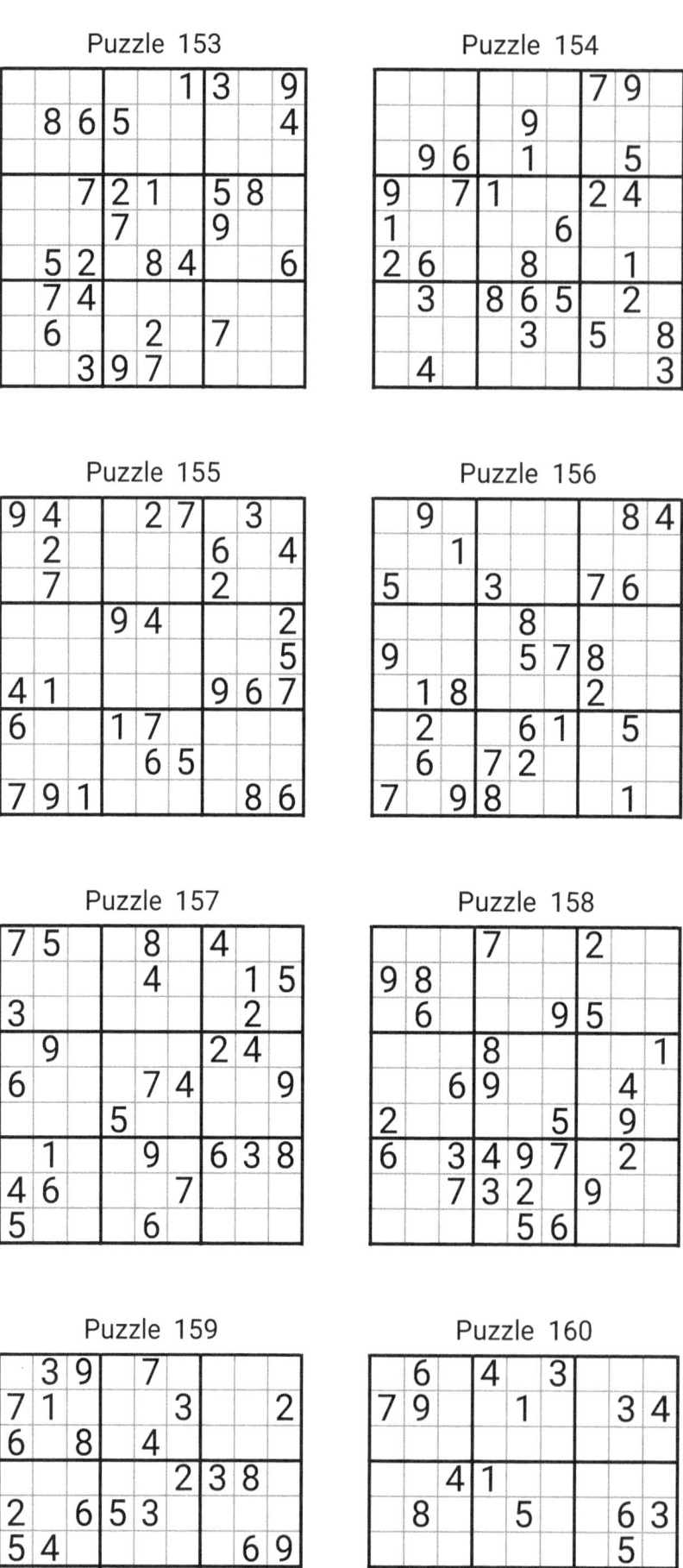

Puzzle 161

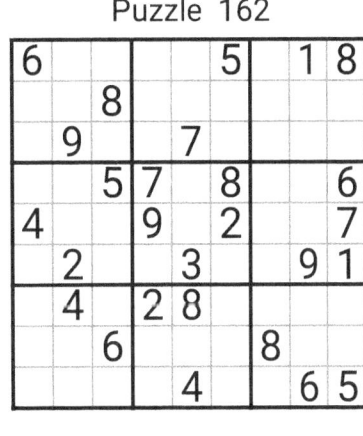

						4		
		8	6	2	4			
4	3			5	7			
5		1		8				9
						7		5
	8	4						6
					3			4
		6	4			9	7	
8			2			5		

Puzzle 162

6					5		1	8
		8						
	9			7				
		5	7		8			6
4			9		2			7
	2			3			9	1
	4		2	8				
		6				8		
				4			6	5

Puzzle 163

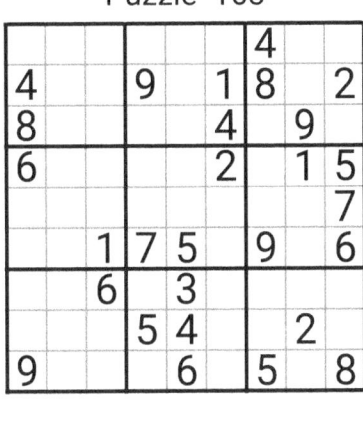

						4		
4			9		1	8		2
8					4		9	
6					2		1	5
								7
		1	7	5		9		6
		6		3				
			5	4			2	
9				6		5		8

Puzzle 164

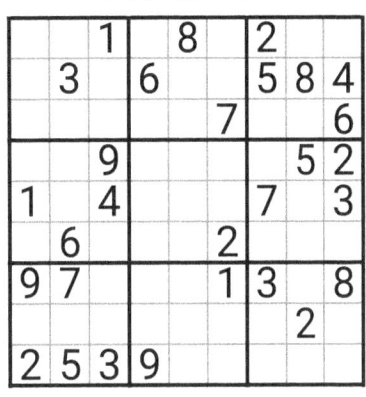

		1		8		2		
	3		6			5	8	4
					7			6
		9					5	2
1		4				7		3
	6				2			
9	7				1	3		8
							2	
2	5	3	9					

Puzzle 165

					3		7	5
6	2	7		4				
		3	1		6			
	6					5		
					2		3	
	4	5		1	8	7		
	9		8	6				1
2			7			8		
			9					7

Puzzle 166

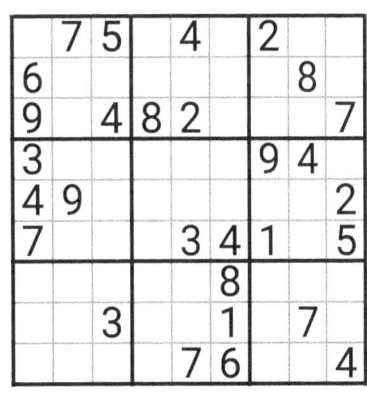

	7	5		4		2		
6							8	
9		4	8	2				7
3						9	4	
4	9							2
7				3	4	1		5
					8			
		3			1		7	
				7	6			4

Puzzle 167

	1		6		2			4
3	7							
6		8						9
7		9						
		4		1	3			5
	3		4			7	8	
	2		1	8	7		5	
			3				4	
				2				8

Puzzle 168

3		6	4			2		
	8		6				7	
2	7				1			8
4	3	5		1				
			2				1	7
		7	9	8		5		
6			8	2				9
						3		
	5							4

Puzzle 169

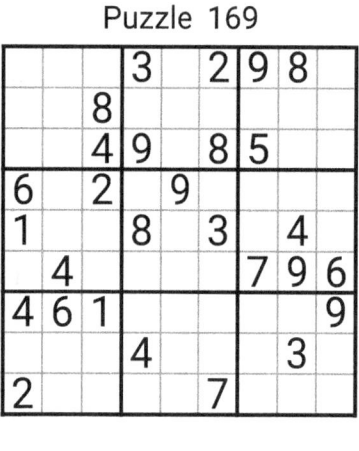

		3		2	9	8		
	8							
	4	9		8	5			
6		2		9				
1			8		3		4	
	4					7	9	6
4	6	1						9
			4			3		
2				7				

Puzzle 170

5					9		3	
	7			6				
1		8		2		5		7
		9		7	5			
	8				2	1	5	9
			2		6	4		
						7	1	8
	4			8	7			

Puzzle 171

		6	1	2				8
						9		
6	4	5		8				
		7				1	5	
	9			6				
1	2	7	4		9			
			4				2	
	1		9	5	3			
		8	2			5	7	

Puzzle 172

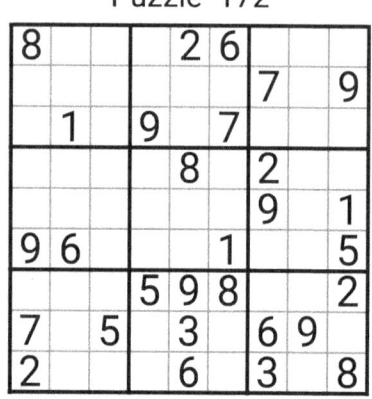

8			2	6				
						7		9
	1		9		7			
			8			2		
						9		1
9	6			1				5
		5	9	8				2
7		5	3			6	9	
2			6			3		8

Puzzle 173

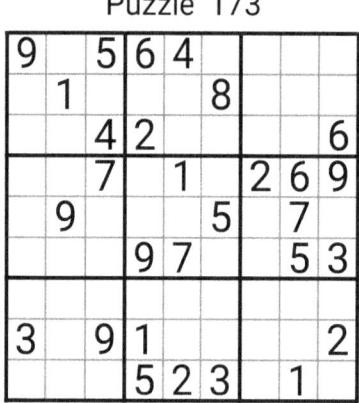

9		5	6	4				
	1				8			
		4	2					6
		7		1		2	6	9
	9				5		7	
			9	7			5	3
3		9	1					2
			5	2	3		1	

Puzzle 174

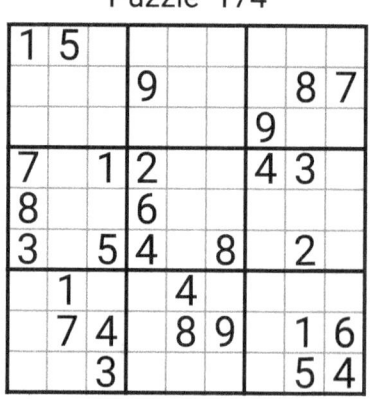

1	5							
			9				8	7
						9		
7		1	2			4	3	
8			6					
3		5	4		8		2	
	1			4				
	7	4		8	9		1	6
	3						5	4

Puzzle 175

		4						
7					5			
	8					5	2	9
			2		6		5	8
								2
		2	8	4		9		6
		1	9	8	3			
	3		5	7	1	2	8	4
						1		

Puzzle 176

5			7				2	
			3					6
3			6		2	4	5	
8	5	1						
			9	6	8			
	7		5				3	4
			7		6			
6	3		8		5			1
	4					6		

Puzzle 177

		9		4				6
1		5	7			2	8	
			2	8				
4		5		6	9		3	
	9	3	4					7
6			3					
	2			8		7	5	
		6		4	5			
		1						

Puzzle 178

1					6		4	
		2		9				8
	8			4			3	
8		1	3		7			
	3		4			1		
		4		1			6	
		6					8	
	1			9			4	
5				7			2	

Puzzle 179

		2			3	5		
	5							6
		3						7
5	6		2			8	9	
		7				6	5	
	9	4						
8				2	5			
7			5		8			
			3	7	9		1	

Puzzle 180

		5		7	8			1
4			1	3	6	2	7	
		3	2					
		9	3				7	2
5	2						9	
		1			2		4	6
	4						5	
9								
				6			1	

Puzzle 181

	6		7					9
			5			8		
7	9				6			1
	4	5		3		8		2
						5		3
	8					9	6	
			6			2		
9							3	5
	7		4	5				8

Puzzle 182

		4		3				
	5	6		1		4		3
		2		8	7	9		5
	2		1		3			
			5				8	6
6					1			
			7		3			4
5		9		4		2		

Puzzle 183

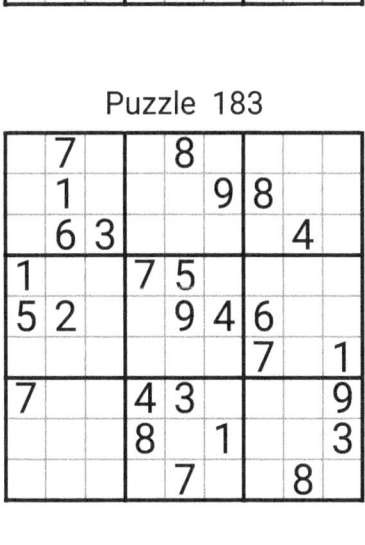

	7		8					
	1			9	8			
	6	3			4			
1			7	5				
5	2		9	4	6			
				7				1
7			4	3				9
			8		1			3
			7			8		

Puzzle 184

4						1		7
5			6			3		
		3	6			2	8	
					7	5		
		5	8			4		2
	2			7		3		
	8	4		3	5			
	5		6			7		9

Puzzle 185

	5	1		6				
				8			1	
			2	4				
4	3				9		8	
			4					
1					2			3
		7		2			9	4
		2		9		8		
9	4	8	1	7			6	2

Puzzle 186

					3	2		
7	3						9	
4	6		2			7	3	
		3						2
		4	5					3
	9					1		
			3	9		4		1
3				7	8			
9				4			7	

Puzzle 187

					6			3
1		7		5			8	
		3	8			9		5
				4				
	3	4	6	7				
5	6		9		2	7	4	
				9	3		5	1
			5					
	1			6			2	

Puzzle 188

		4		7	1		5	
	9							
	3	8		9				1
2							1	
		6	7				9	8
			8	3		7		
	4		9				2	
		2		8	3		4	
1				2	6		8	

Puzzle 189

	6			3		1	2	
	1	7		6				4
		3			9	5	8	
			3	2		7		
								3
	3	5						2
9		1						
			7			3	9	8
	7	6	8		5			

Puzzle 190

							7	2
					2	6	5	
	2	3						4
	6			2				
	3	8	7				2	
2	9			5		1	6	7
4				7				
	8					7	1	
			3	9				6

Puzzle 191

		1		9		7		5
				1		2	4	6
		6	8					
			5	4				9
9				7				
	1	4				5	2	
1		9		6				
	2				5		3	
6		3			1			4

Puzzle 192

		4				9		
		2		1		8	6	
		3		2	6	5		
2		8					4	
	4		2	3		7	8	
5	3		8					
3	7				8	2		
								6
			1	7			3	

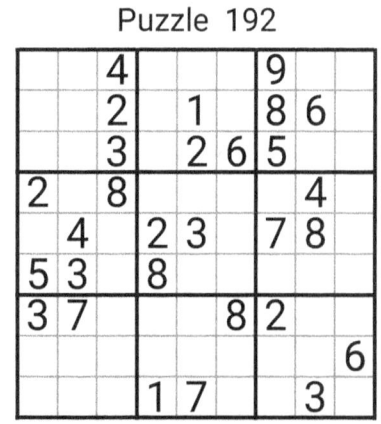

Puzzle 193

	3	4	7			5	6	
1		6			5			
		9	1			3		7
					1	7	9	5
5			8		4			
	6							
7	9		3		8	4		
								3
	8							

Puzzle 194

			6					
	1	9	3		4			6
8			5			7		
9		7		4				2
2	4	5		6	7			8
	7		9		2	5	6	
5						3		
4		8						9

Puzzle 195

	3				7	4		
	4	1		3		2		
	6				9	7		
		9	8					
	2		9				7	
4	1	8			3			
1					6		8	
						6		3
6			7	9	4			

Puzzle 196

9		6			5		1	
3	1			6	7			
5		8				6		
						8		3
	6	9	7		8			5
			5	9				4
6					4		3	
		5		8	3			9

Puzzle 197

					3		4	7
		3	5		8		6	
7					6		1	3
				1				4
6	5	7						
	2		3			7	9	
8	9				7			
	4					3		6
		5			1			

Puzzle 198

	5							4
1				6				2
3		7	2		8		1	
7	3		6		9			
2						4	3	
		1		7				
			3		7		4	5
4	7					8		
		5						

Puzzle 199

		3		5				
			7			9	3	
						1	5	2
	6	5		1				
		4					1	
1	2		3					9
6		2			1	3		
		1			8	7		6
	9		5		3		2	

Puzzle 200

		9	5	4				
1	7			3	6	4		5
					2		8	
3			1				7	
	4		7			5		9
	3	4	9				5	2
			3				6	
7		5						

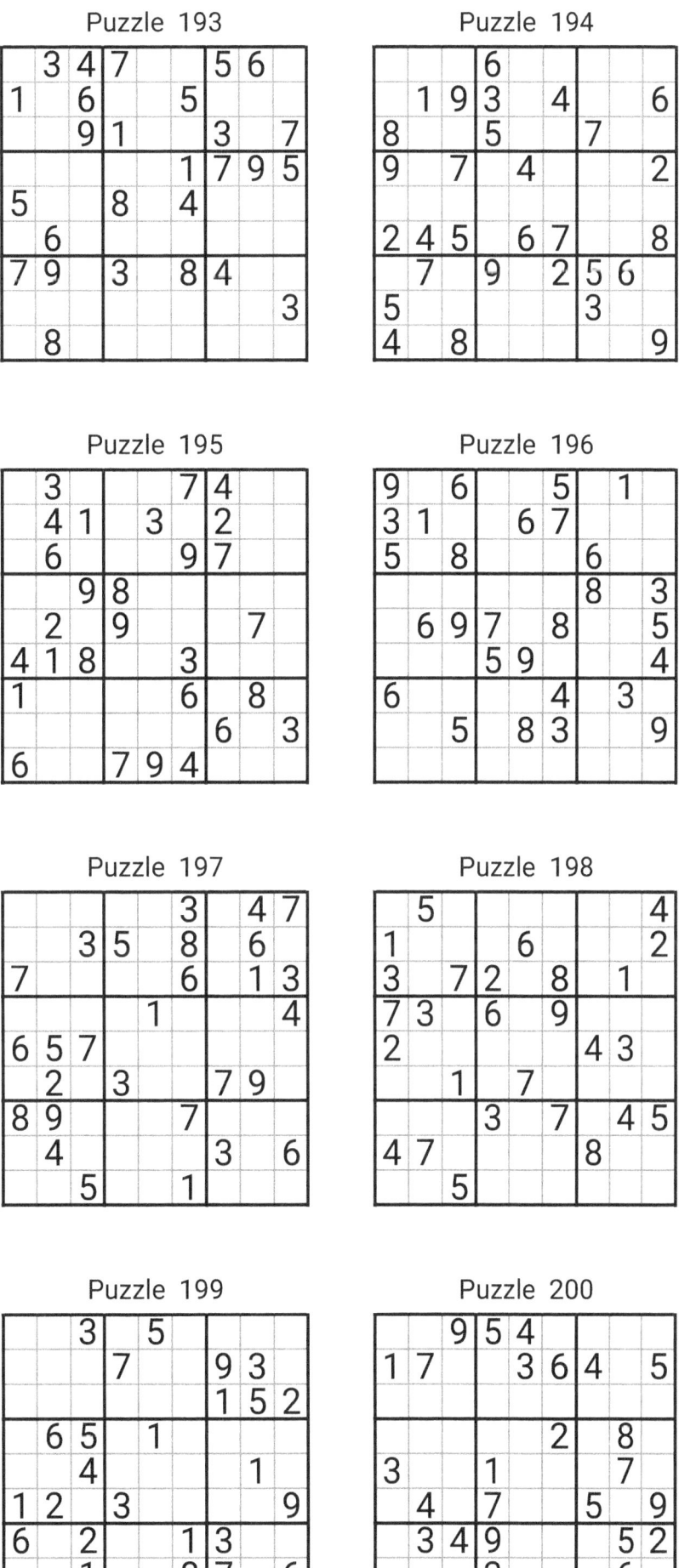

HARD Sudoku

Puzzle 201

								9
				7	5	6		
	6					2		1
		6			7	5		
	4			8			1	
			9	1				7
7	5	9			8		6	
	8							
6		3			2		9	

Puzzle 202

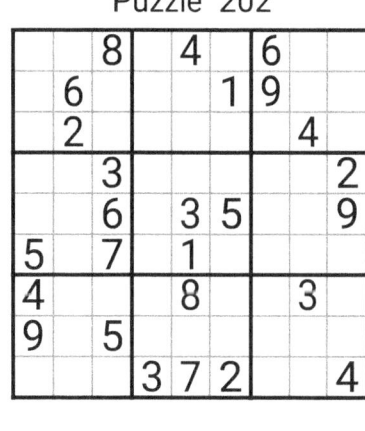

		8		4		6		
	6				1	9		
	2						4	
		3						2
		6		3	5			9
5		7		1				
4				8			3	
9		5						
			3	7	2			4

Puzzle 203

				4			6	
	9						1	
	8	5	2		1			
3	4	2	8	1			9	
			3		9	5		4
			4					7
4	2				3			
		1	6		2	9		

Puzzle 204

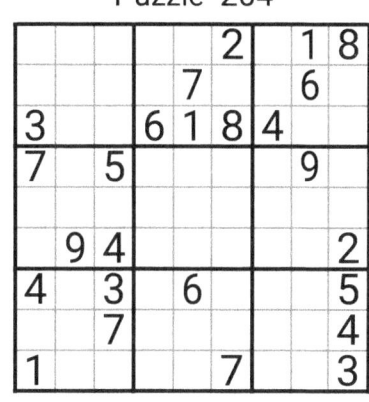

					2		1	8
				7			6	
3			6	1	8	4		
7		5					9	
	9	4						2
4		3		6				5
		7						4
1					7			3

Puzzle 205

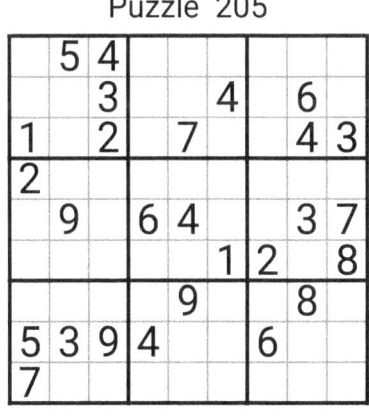

	5	4						
		3			4		6	
1		2		7			4	3
2								
	9		6	4			3	7
					1	2		8
				9			8	
5	3	9	4			6		
7								

Puzzle 206

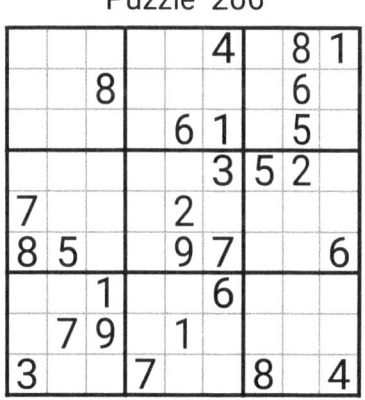

					4		8	1
		8					6	
				6	1		5	
					3	5	2	
7				2				
8	5			9	7			6
		1			6			
	7	9		1				
3			7			8		4

Puzzle 207

			4			3		
3		6		9				
	5				1			
	8						7	5
5		2					9	
	6		3	4				2
		4		1				8
		9			4		6	
			2				1	

Puzzle 208

8					3		7	
6	9				1	4		
		4			6			
			1			2	5	
				9			3	
2		3		8				4
7		6					4	
			4		5			2
		1		2			8	

Puzzle 209

7				2				8
		5						9
6	8					2		
8	7	6			2		3	
		9						
				6		1		
			4			9	2	5
			8		5	4		
1			2			7		

Puzzle 210

		5	4		9		7	
6		2		5	7		1	4
							6	
		9						6
	1			2	6	8		
			8		4			
		4				5	9	
	6				1			
7								

Puzzle 211

	1							6
5				2				
	6					3		
								1
	4	7	9		8		6	
				3	4	2		7
9	7		2					
					5	9		
		5	8		6		4	

Puzzle 212

	8		6	1			2	
			2			9		
3	7		8					1
9	6					5	7	
				5	9	3		6
		6						
4				7	1		5	
7			9			8		

Puzzle 213

7		2			8			
				5		8	2	6
	4			1				
	3				1	7		8
	8			9	5		1	
	2	1						
	7	8	9					5
					3			2
					6			7

Puzzle 214

		6	8			3	4	
					1			
	4				7			2
							2	
	7	9		5				3
6	3	2					8	
9						8	5	
	2			1				
3			9	7				6

Puzzle 215

			1					
	9				7			1
	2	4				7	8	
			5					2
	5					3	7	
		3		4			1	
9		6						8
				8	5			
		7			3		2	9

Puzzle 216

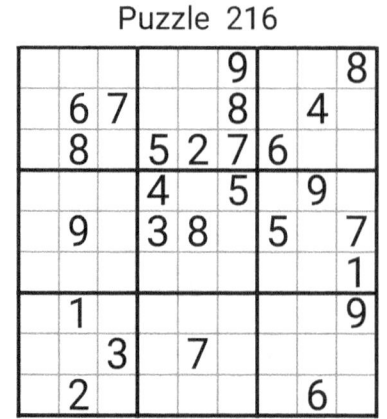

					9			8
	6	7			8		4	
	8		5	2	7	6		
			4		5		9	
	9		3	8		5		7
								1
	1							9
		3		7				
	2						6	

Puzzle 217

			6				8	7
	8	2	7					
					1	9		2
	2			4		8		
1				3	5	7		
			1			5		4
				1		3		
		4	2				5	
9							4	

Puzzle 218

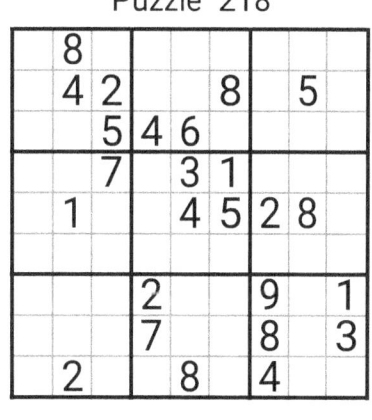

	8							
	4	2			8		5	
		5	4	6				
		7		3	1			
	1			4	5	2	8	
			2			9		1
			7			8		3
	2			8		4		

Puzzle 219

2	1		4			9	6	
	7				3			8
	9	6						
			8	5				
9	2	4						
						1		
		3		1	2			
					7	6	3	
5				8	6			

Puzzle 220

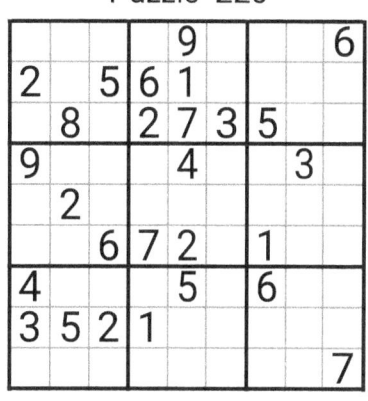

				9				6
2		5	6	1				
	8		2	7	3	5		
9				4			3	
	2							
		6	7	2		1		
4				5		6		
3	5	2	1					
								7

Puzzle 221

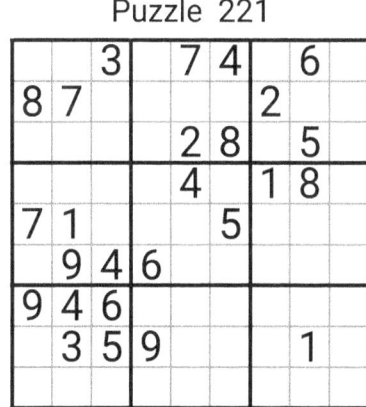

		3		7	4		6	
8	7					2		
				2	8		5	
				4		1	8	
7	1				5			
	9	4	6					
9	4	6						
	3	5	9				1	

Puzzle 222

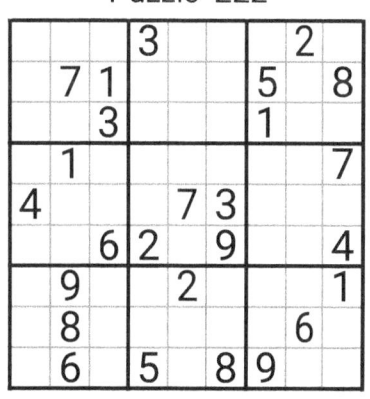

			3				2	
	7	1				5		8
		3				1		
	1							7
4				7	3			
		6	2		9			4
	9			2				1
	8						6	
	6		5		8	9		

Puzzle 223

		5				6		8
	1	8						4
	6	2				7	1	
8			5	1				
							8	2
	2	6			4			
			9	5	6			
	4			7				
				8		1	7	

Puzzle 224

3	5	4				7		
	9			2				
		7			6		3	
	2				8			
					4		5	7
			1					
		1		8		6		
	8		7	6	2	1		5
			5					

Puzzle 225

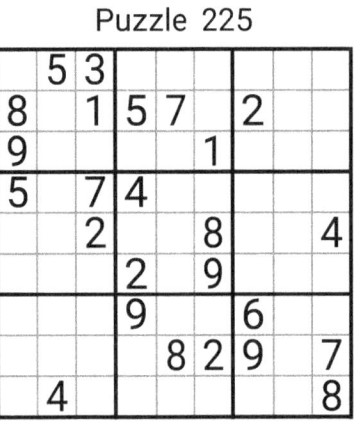

	5	3						
8		1	5	7		2		
9					1			
5		7	4					
	2			8				4
		2		9				
			9			6		
			8	2	9		7	
	4							8

Puzzle 226

3		5			9			
8					9			
		6	1			3		
5			7			4		
			6	5		2	1	
								8
6			9	1	4			
7						5		
	9			5		6		

Puzzle 227

	5			7				
	6		5					3
	4	3			8			
1			7	3		6		
	9		6				2	
2			9					
		5		6		7		8
				5		2		
3				9		1		

Puzzle 228

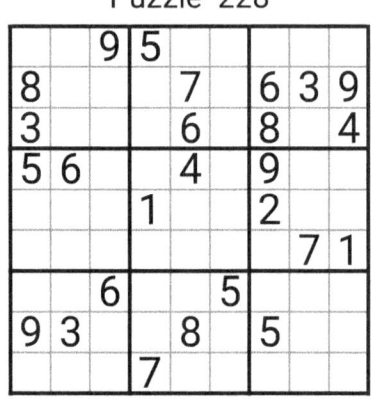

		9	5					
8				7		6	3	9
3				6		8		4
5	6			4		9		
			1			2		
							7	1
		6			5			
9	3			8		5		
			7					

Puzzle 229

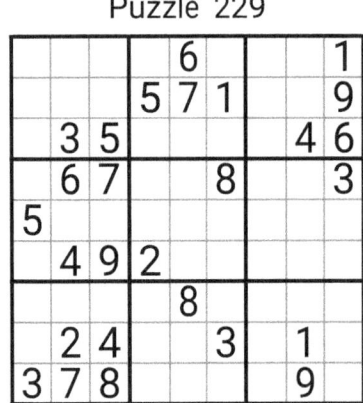

			6					1
		5	7	1				9
	3	5					4	6
	6	7			8			3
5								
	4	9	2					
				8				
	2	4			3		1	
3	7	8					9	

Puzzle 230

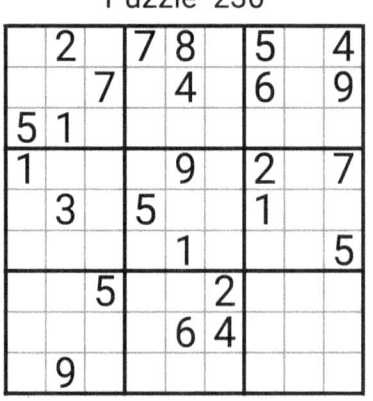

	2		7	8		5		4
		7		4		6		9
5	1							
1				9		2		7
	3		5			1		
				1				5
		5			2			
				6	4			
	9							

Puzzle 231

						9	3	
				6	9			
	4	5	3		2		8	
8					5			
5		2	7			9		
3								6
	8	3		9				
1								
4	2	6		1		7		

Puzzle 232

2	3			5				
	5			2		9		7
		6			1			
							3	
		8	5	6			7	4
4	7				1			
9					5	8	2	
					8			
		4						6

Puzzle 233

					8		1	5
		3	2		6		7	4
				5			6	
8								
					1	9		
	2	4	5		9	6		
5	6			9	4			
			1	3				
		8						

Puzzle 234

		3	5		6			8
6			8	2	7		9	
		6	1	9			8	4
3				7				
		9					2	
5					3	2		
		4						
2				8				6

Puzzle 235

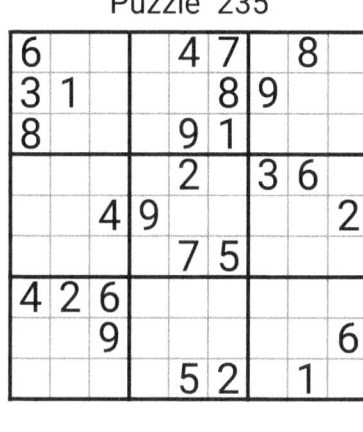

6				4	7		8	
3	1				8	9		
8				9	1			
				2		3	6	
		4	9					2
				7	5			
4	2	6						
		9						6
				5	2		1	

Puzzle 236

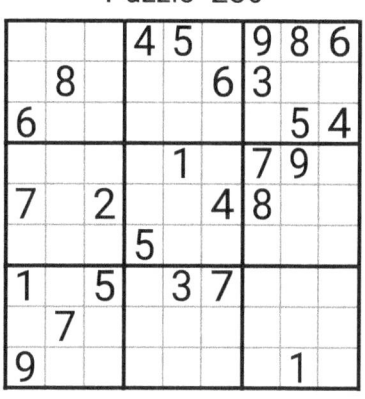

			4	5		9	8	6
	8				6	3		
6							5	4
				1		7	9	
7		2			4	8		
			5					
1		5		3	7			
	7							
9							1	

Puzzle 237

1								
3	2	7		4				
6					8		9	
	7		6					9
8				2			3	
			8			2		1
	6	4	1					
	9	8					7	5
	3			8				

Puzzle 238

	2							
3		8						
			5		8		4	
9			1			7		
		7	9		5			
	1				3	4		2
		3	4	6	2		5	
	4	9						
	8				9			

Puzzle 239

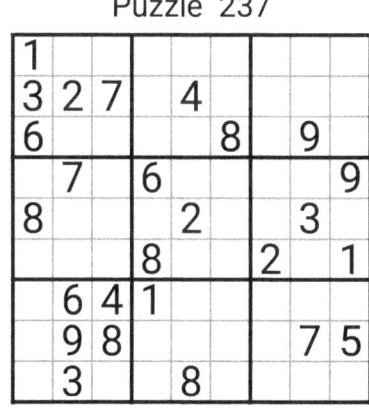

2	8	9				4		
4		5			6			8
				4				
						8	2	
		3		2		6	4	
								1
			6			7		
6				3			9	
3				7	5	2	1	

Puzzle 240

2					1		3	7
	3	8	6			5		
	5			4			9	
		2			3		6	1
			8		6			9
				7				
5	2		7					
		1					5	
		9		8				6

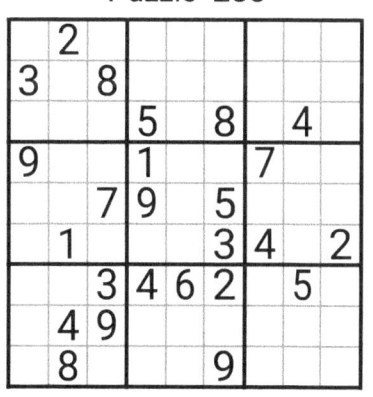

Puzzle 241

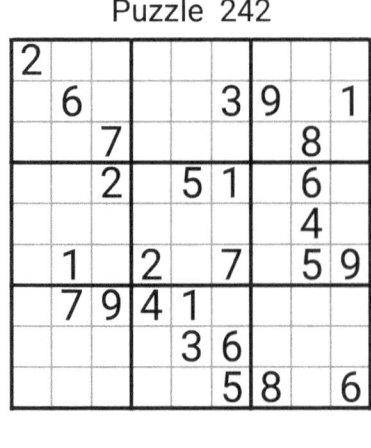

9		5	6					
3			7	2				
	1			3			7	
	4	6	2	1				
			3			7	2	
			5			1		
					6			
8	5		1	4		3		
6						8		

Puzzle 242

2								
	6			3	9		1	
		7				8		
		2		5	1	6		
						4		
	1		2		7	5	9	
7	9	4	1					
			3	6				
					5	8		6

Puzzle 243

		6	9					
	5					2		
7			2			9		
9	2			4	5			8
1			3					
	4	8			2			
	9	1				5		
4	8							2
			7	3		1		

Puzzle 244

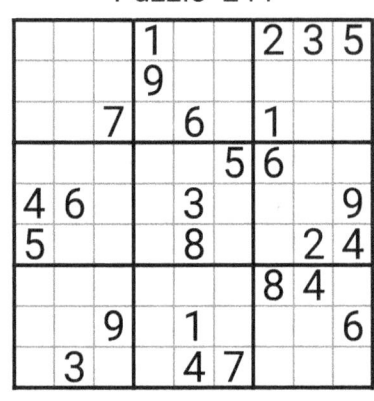

			1			2	3	5
			9					
		7		6		1		
				5	6			
4	6			3				9
5				8			2	4
						8	4	
		9		1				6
	3			4	7			

Puzzle 245

			7			8	9	
6								
2				9		3	5	
	1			3		9	7	
	3					2		
7		8		9				
	7		3	4				8
	4	6				1		
				7				

Puzzle 246

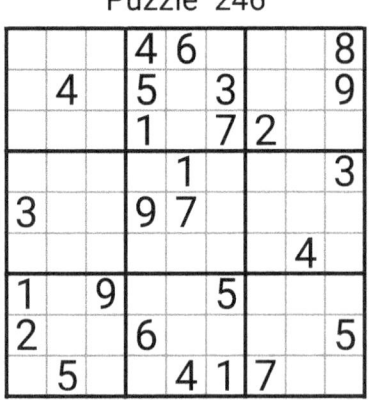

		4	6					8
	4		5		3			9
		1		7	2			
			1					3
3			9	7				
						4		
1		9			5			
2			6					5
	5			4	1	7		

Puzzle 247

			8	9		3		1
8	7					2		
				2	7			
5								
4	2	6						
	1	8	4	3				
			9		4		5	
1		9	3		5			
				8		9		

Puzzle 248

9	7					4		
		6		7	2	5		
				1		6	8	
	2		4	1	9		7	
	1			6				
3			8					
	6	5						
		8			3	6		4

Puzzle 249

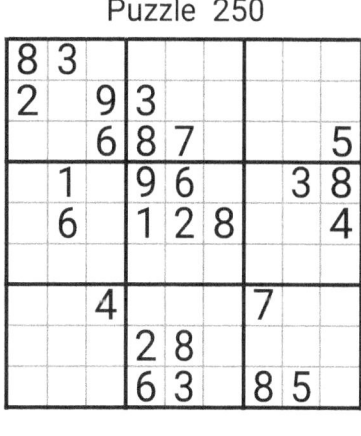

	7	1				6	2	
3			2			5		
	4				3		7	
5					3			4
					4		3	
1								6
		9	7			3		5
9		3	6					
				2			1	

Puzzle 250

8	3							
2		9	3					
	6	8	7					5
	1		9	6			3	8
	6		1	2	8			4
		4				7		
		2	8					
		6	3			8	5	

Puzzle 251

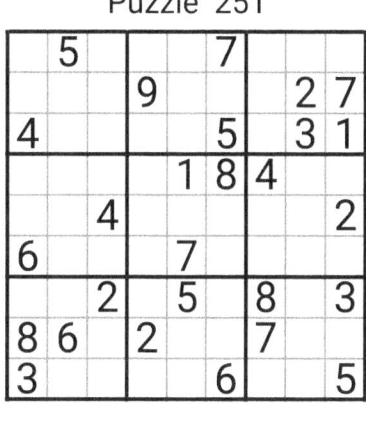

	5				7			
			9				2	7
4				5		3	1	
			1	8	4			
	4						2	
6				7				
	2		5		8		3	
8	6	2			7			
3				6			5	

Puzzle 252

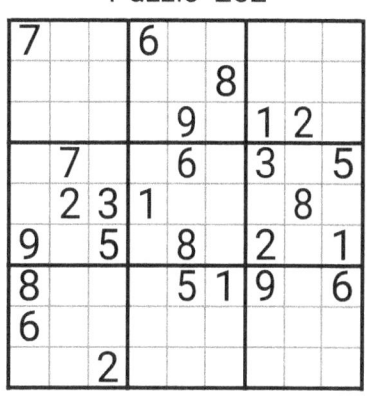

7			6					
				8				
			9		1	2		
	7		6		3		5	
	2	3	1			8		
9		5		8		2		1
8			5	1	9		6	
6								
	2							

Puzzle 253

	9		1		7		4	
8	7		2	3		1	9	
				9	5			
	1		9			3	5	
	8	4						
			2	1				
				8		7		
	5			2				
9			4					

Puzzle 254

7						2	3	
	3		6	4			5	
	2				4			
				3	1		4	
		1						
3			9		6			
	2	8	9		5			
			1		6			
1			2	5				

Puzzle 255

2	6					7	5	
			6		2			
	7			2				
					7			
	1		4	8		3		
				3	6	4	1	
5					3			
	9		7		8			
	4		5			9		

Puzzle 256

		7		8				
			4		9		2	
		1	7				4	
	4	8		6				
	1			5		3		
3							5	
	8		3			5	6	
	4	5			2			
6			5			9		

Puzzle 257

9				8				5
	8		3					
	1				6		9	
				9	1			
	9					1	2	
			5	4		7		
	6	7		1				3
		9					7	
		3		6				4

Puzzle 258

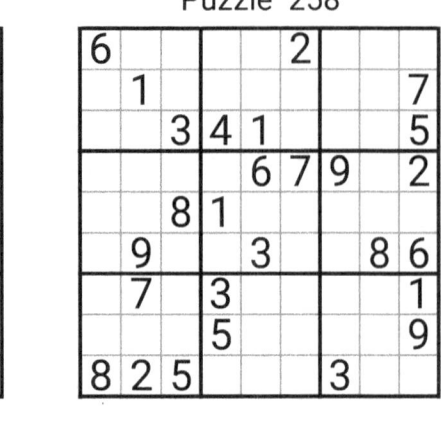

6					2			
	1							7
		3	4	1				5
				6	7	9		2
		8	1					
	9			3			8	6
	7		3					1
			5					9
8	2	5				3		

Puzzle 259

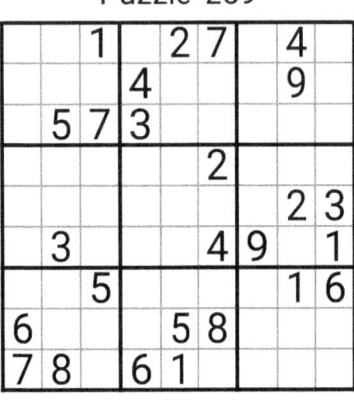

		1		2	7		4	
			4				9	
	5	7	3					
					2			
							2	3
	3				4	9		1
		5					1	6
6				5	8			
7	8		6	1				

Puzzle 260

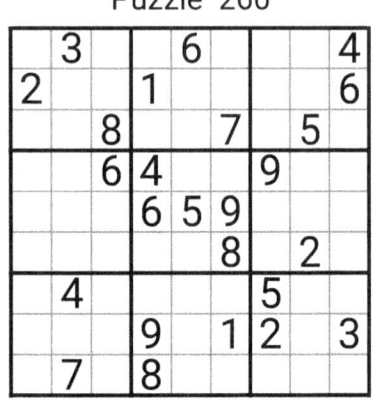

	3			6				4
2			1					6
		8			7		5	
		6	4			9		
			6	5	9			
					8		2	
	4					5		
			9		1	2		3
	7		8					

Puzzle 261

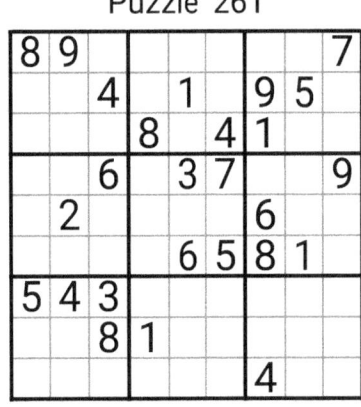

8	9							7
		4		1		9	5	
			8		4	1		
		6		3	7			9
	2					6		
				6	5	8	1	
5	4	3						
		8	1					
						4		

Puzzle 262

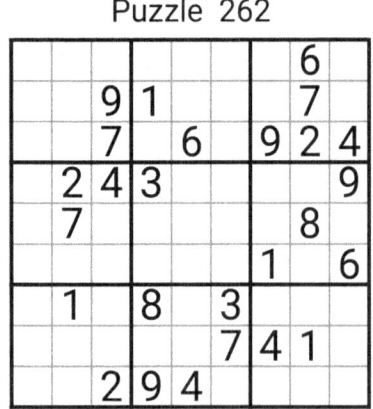

							6	
		9	1				7	
		7		6		9	2	4
	2	4	3					9
	7						8	
						1		6
	1		8		3			
					7	4	1	
		2	9	4				

Puzzle 263

	5			4	7	2		
4		8						
		3	6			7	4	
				1				
					6	9		
				7			6	
3						5		1
6			2	9				
	8	9			1	3		

Puzzle 264

	9						3	
6	4	2				1		7
				7		2		
		5	4		9			
4				3	7	6		1
			6					5
	3				2			
			7					2
				5		3	7	4

Puzzle 265

			3					
	8				4		6	
5			2					9
1					2	8		3
	7	8		4		5		6
					8			
				9				
	6	4					7	
		2		6	7	1		

Puzzle 266

				5		9	6	1
5			8		6			
	3						7	
		2			1		8	
1			6			5		9
	7		2					
4		9		7				6
	8			2				
	5							

Puzzle 267

							7	4
				6				
6			2	8		5		
8		3			6	2		
	1			4				6
				3	8	9		
	4						9	
2				7		8		
		7	6					1

Puzzle 268

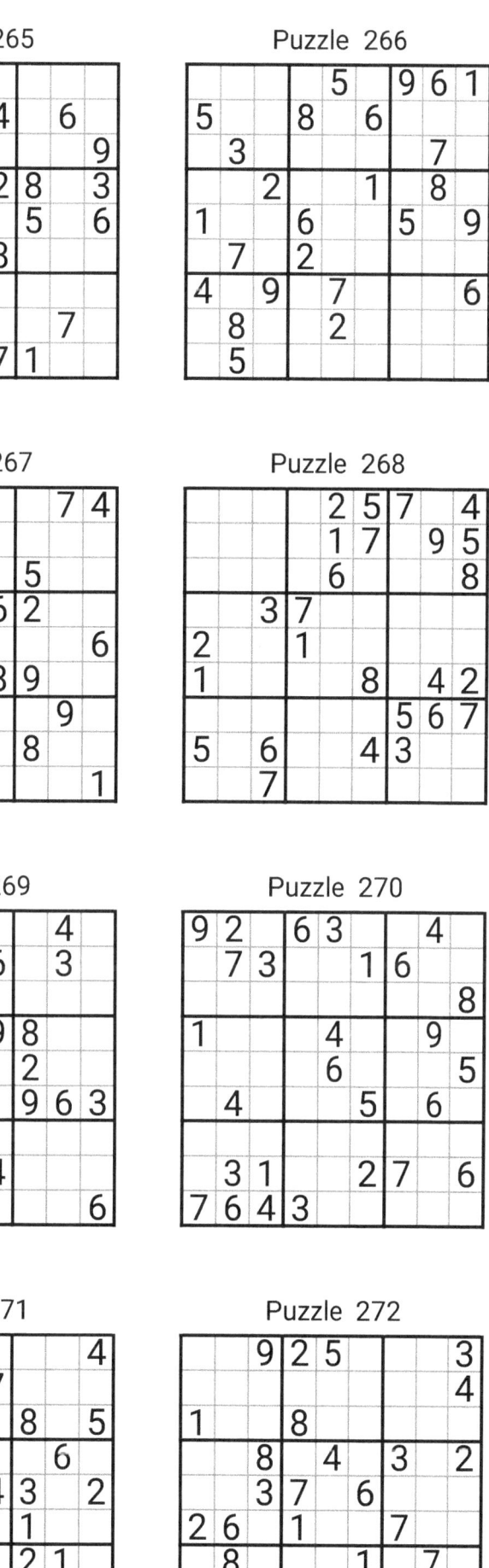

				2	5	7		4
				1	7		9	5
				6				8
		3	7					
2			1					
1					8		4	2
						5	6	7
5		6			4	3		
		7						

Puzzle 269

	5			7			4	
9	7			4	6		3	
	2							
					9	8		
7			8			2		
						9	6	3
6				2				
1					4			
		5	9	8				6

Puzzle 270

9	2		6	3			4	
	7	3			1	6		
								8
1				4			9	
				6				5
	4				5		6	
	3	1			2	7		6
7	6	4	3					

Puzzle 271

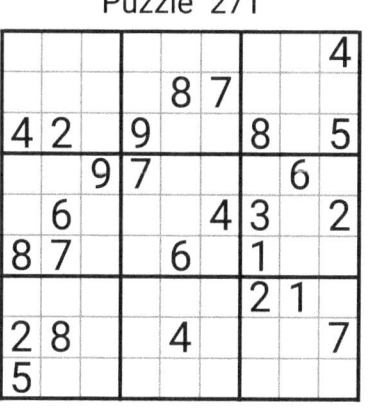

								4
				8	7			
4	2		9			8		5
		9	7				6	
	6				4	3		2
8	7			6		1		
						2	1	
2	8			4				7
5								

Puzzle 272

		9	2	5				3
								4
1			8					
		8		4		3		2
		3	7		6			
2	6		1			7		
	8				1		7	
		1						
3			9		5			6

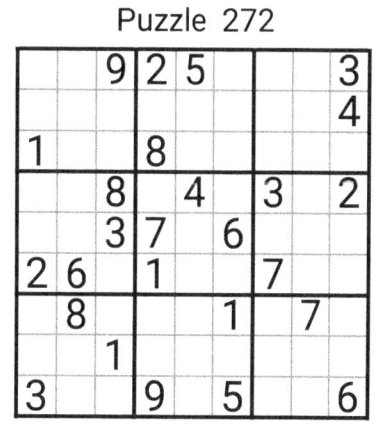

Puzzle 273

	8					4		5
	9		4			2		
	1			8				
9		5				1		
8					7			9
			9	3	6			2
		1	6			9		
				4				
	5		2		9			6

Puzzle 274

6	4		9	7				
	2				6			9
						5		8
	9	3	2		8			
		7				1		
				5		9	8	7
	8	5		9			3	
	7							
4			8		7			

Puzzle 275

	5		4					
		6		5		8		3
							1	
		9	2	3	4		7	
			7	8	6	2	1	
7	2							
3			5			9		
	9	1	7		2			
								2

Puzzle 276

		6		3	1			7
9							8	3
3	4							6
	7					3		
						7	1	
6			9	2				
					1	6	9	
	2			5		4		
		8	4					

Puzzle 277

9			2	7		5		
		2			4	3		7
	8	5						
			1		3			
3	4					1		
					7			9
8		7		9		2		
	6	3				4	9	1
			3					

Puzzle 278

			6	8				7
				5	3			
2			1	3				
8			9	2	7			3
	5			6			8	4
9		3			4			
3		8		1				2
		7	2			1		

Puzzle 279

		3		4				
7	5					4		6
6					9	5	8	
3	9				8	7		
1		4				5		
					5	9	2	1
	6		9			2	4	
							9	7

Puzzle 280

						8		7
9				6				3
	3		4	7		2		
4	2		6		5			
6	9							
			1			2	4	
		2			9	6	5	
8				3	7			
	5	9						

Puzzle 281

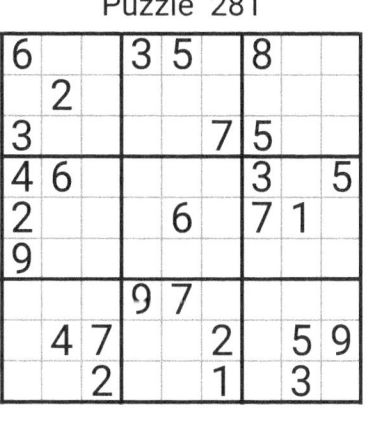

6			3	5		8		
	2							
3					7	5		
4	6					3		5
2				6		7	1	
9								
			9	7				
	4	7			2		5	9
		2			1		3	

Puzzle 282

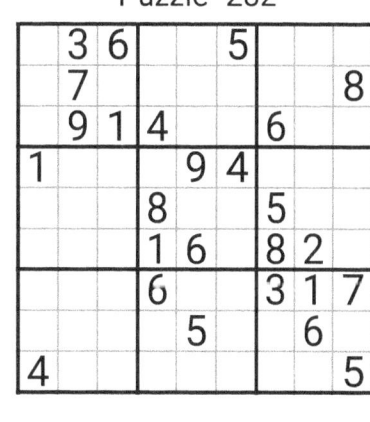

	3	6			5			
	7							8
	9	1	4			6		
1				9	4			
			8			5		
			1	6		8	2	
			6			3	1	7
				5			6	
4								5

Puzzle 283

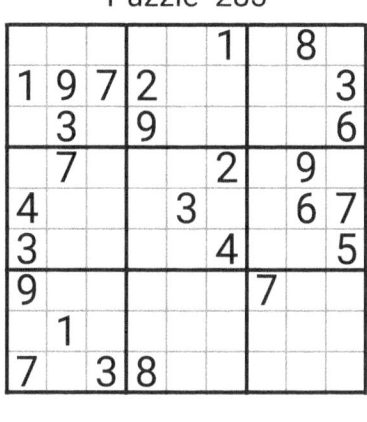

					1		8	
1	9	7	2					3
	3		9					6
	7				2		9	
4				3			6	7
3					4			5
9						7		
	1							
7		3	8					

Puzzle 284

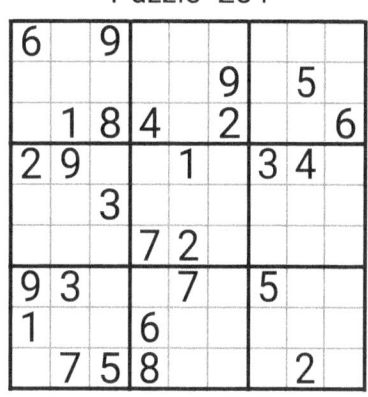

6		9						
					9		5	
	1	8	4		2			6
2	9			1		3	4	
		3						
			7	2				
9	3			7		5		
1			6					
	7	5	8				2	

Puzzle 285

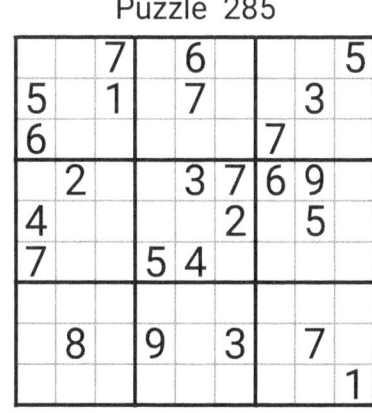

		7		6				5
5		1		7			3	
6						7		
	2			3	7	6	9	
4					2		5	
7			5	4				
	8		9		3		7	
								1

Puzzle 286

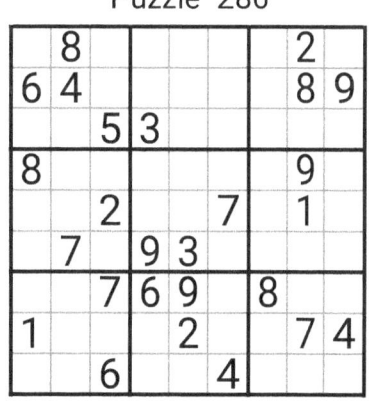

	8						2	
6	4						8	9
		5	3					
8							9	
		2			7		1	
	7		9	3				
		7	6	9		8		
1				2			7	4
		6			4			

Puzzle 287

			4	7		1		
1			8	3				9
	4			6	9			
		7						
	6					8	9	
				8	1		3	
3	2					9		
5					7			
				1		5		6

Puzzle 288

3			8	7				
7				6	5			
	8	5						
		3	5			7	2	
1			6	3				
6		4						9
				8	2			3
	1			5		4		
2				1				

Puzzle 289

3				2	8			
1				9				
		6				3	5	8
			9	6	4		2	
		7	3				6	9
4		5				7	1	
				8				3
9					7			

Puzzle 290

8	5					6		9
		6			1			
	4				8	5		
				2	3			
				6				
2	1		8	5				
6			2			8		1
7		5				2		3
					4			5

Puzzle 291

	7					4		
6			9	4				
				3	6			9
				8	7	6		
5								3
		1		5		2		
4	8				2			
			4					
3	5			9			1	4

Puzzle 292

	2		1	3				7
5	1							2
			8					
1		7	2		4		9	
	3				9			
6	4					5		
		2		5				4
					8			9
4	9						6	5

Puzzle 293

	7			1				
2					4			
	4	6			3	2		
7	9				1	4		5
			9		6		2	
8								7
				2		9		
	2				9		8	
		3				6	5	

Puzzle 294

	3		2	4	6			
	4	5					8	
2		1	5				3	
				7		5		
9	1			5				
	5				3		9	
							1	3
		3	7			6	2	5
			4					

Puzzle 295

8	9		5	4			2	
		3	6				8	
	1				8			
				8			7	
7		4		6				
					3	9		4
				7	9			6
			8					5
			4		2		1	7

Puzzle 296

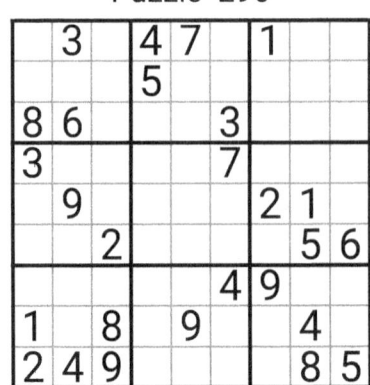

	3		4	7		1		
			5					
8	6				3			
3					7			
	9					2	1	
		2					5	6
					4	9		
1		8		9			4	
2	4	9					8	5

Puzzle 297

7			3					
	6					9		7
			4	9		1		
				8	3			
			7				4	
	3	8		5			9	
	8						1	5
2		7	5	4				8
6								

Puzzle 298

		8			6	3		
4			2	9			6	
		3	7					2
						8	4	
	2		1	4				
6							5	1
	3	5			1			4
9		1		7		2		

Puzzle 299

1				2			4	
					5		7	6
		6		4		8		
		7						
	1		8					
	5	9						2
	3	2	5			1		
			7	6		4		3
							6	5

Puzzle 300

		4		1				
	2					1	6	
	8				4		2	9
	1			2	6			
		7			1			3
		2		7			5	
7							8	
					9	5		
				6	7	9		

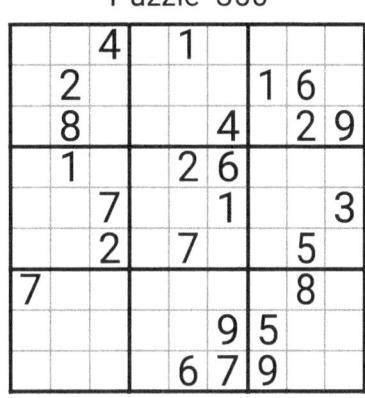

SOLUTIONS

Puzzle 1

5	1	6	9	8	2	3	4	7
2	9	3	6	7	4	1	5	8
8	4	7	1	3	5	2	9	6
9	7	5	8	1	3	4	6	2
4	3	1	7	2	6	9	8	5
6	2	8	5	4	9	7	1	3
1	8	2	4	6	7	5	3	9
3	6	9	2	5	1	8	7	4
7	5	4	3	9	8	6	2	1

Puzzle 2

1	5	7	2	4	9	6	3	8
3	4	8	7	5	6	1	9	2
9	6	2	1	3	8	5	7	4
4	1	5	9	2	7	3	8	6
8	2	9	3	6	1	7	4	5
7	3	6	4	8	5	9	2	1
5	8	4	6	9	3	2	1	7
6	7	3	8	1	2	4	5	9
2	9	1	5	7	4	8	6	3

Puzzle 3

3	9	7	8	5	6	1	4	2
1	4	5	7	9	2	8	3	6
8	2	6	3	4	1	9	7	5
6	7	4	1	2	3	5	8	9
5	1	3	9	6	8	4	2	7
9	8	2	4	7	5	6	1	3
2	6	8	5	3	4	7	9	1
4	5	9	2	1	7	3	6	8
7	3	1	6	8	9	2	5	4

Puzzle 4

7	4	2	5	9	8	3	1	6
1	3	5	4	6	2	9	7	8
8	6	9	3	7	1	2	4	5
4	1	3	6	8	9	7	5	2
6	9	7	2	5	4	1	8	3
2	5	8	7	1	3	4	6	9
9	2	6	8	4	7	5	3	1
3	8	4	1	2	5	6	9	7
5	7	1	9	3	6	8	2	4

Puzzle 5

3	2	4	1	6	5	7	9	8
8	1	5	4	7	9	3	6	2
6	7	9	3	2	8	1	4	5
7	3	1	2	4	6	5	8	9
9	8	6	5	1	7	2	3	4
5	4	2	9	8	3	6	7	1
1	9	7	6	5	4	8	2	3
4	5	8	7	3	2	9	1	6
2	6	3	8	9	1	4	5	7

Puzzle 6

3	7	5	8	6	9	1	4	2
6	4	2	3	5	1	9	7	8
9	1	8	4	2	7	5	3	6
1	5	3	7	9	8	6	2	4
7	2	4	1	3	6	8	9	5
8	6	9	2	4	5	7	1	3
5	3	7	6	1	2	4	8	9
4	8	6	9	7	3	2	5	1
2	9	1	5	8	4	3	6	7

Puzzle 7

9	4	6	2	8	7	1	5	3
5	8	3	4	9	1	6	7	2
1	7	2	5	3	6	8	4	9
4	5	7	8	2	3	9	1	6
2	1	8	9	6	5	7	3	4
6	3	9	1	7	4	2	8	5
8	2	5	7	4	9	3	6	1
7	6	4	3	1	2	5	9	8
3	9	1	6	5	8	4	2	7

Puzzle 8

1	3	9	8	7	2	6	5	4
2	4	6	9	5	1	7	8	3
5	7	8	6	4	3	1	9	2
7	2	3	4	9	8	5	6	1
6	5	1	3	2	7	8	4	9
8	9	4	5	1	6	3	2	7
4	8	2	1	3	5	9	7	6
3	6	7	2	8	9	4	1	5
9	1	5	7	6	4	2	3	8

Puzzle 9

7	8	2	1	3	6	4	5	9
3	6	5	8	9	4	7	1	2
1	4	9	2	7	5	3	8	6
5	9	8	4	2	3	6	7	1
4	7	6	9	5	1	2	3	8
2	3	1	7	6	8	9	4	5
8	2	7	3	1	9	5	6	4
9	5	4	6	8	7	1	2	3
6	1	3	5	4	2	8	9	7

Puzzle 10

7	4	9	8	1	6	3	5	2
5	2	6	4	9	3	8	1	7
8	3	1	7	5	2	4	6	9
3	5	2	9	6	4	7	8	1
9	7	4	1	8	5	2	3	6
6	1	8	2	3	7	5	9	4
4	9	3	5	2	1	6	7	8
2	8	5	6	7	9	1	4	3
1	6	7	3	4	8	9	2	5

Puzzle 11

2	4	7	8	1	5	6	3	9
5	6	3	2	7	9	8	1	4
1	8	9	6	3	4	5	2	7
8	1	5	9	4	6	2	7	3
9	2	6	3	8	7	1	4	5
7	3	4	1	5	2	9	6	8
4	7	2	5	9	1	3	8	6
6	9	8	4	2	3	7	5	1
3	5	1	7	6	8	4	9	2

Puzzle 12

3	2	8	1	7	4	5	6	9
9	6	7	2	8	5	3	1	4
1	4	5	3	6	9	2	7	8
6	7	3	4	2	8	1	9	5
4	8	1	5	9	3	6	2	7
5	9	2	7	1	6	8	4	3
2	3	4	9	5	1	7	8	6
8	1	9	6	3	7	4	5	2
7	5	6	8	4	2	9	3	1

Puzzle 13

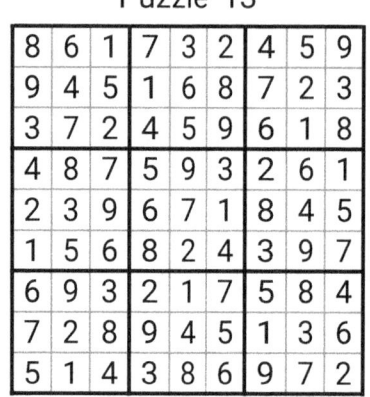

8	6	1	7	3	2	4	5	9
9	4	5	1	6	8	7	2	3
3	7	2	4	5	9	6	1	8
4	8	7	5	9	3	2	6	1
2	3	9	6	7	1	8	4	5
1	5	6	8	2	4	3	9	7
6	9	3	2	1	7	5	8	4
7	2	8	9	4	5	1	3	6
5	1	4	3	8	6	9	7	2

Puzzle 14

9	7	8	1	2	3	4	6	5
3	4	6	8	7	5	2	1	9
2	1	5	9	4	6	7	3	8
8	2	7	5	3	1	9	4	6
6	5	3	2	9	4	1	8	7
1	9	4	6	8	7	5	2	3
4	8	1	7	6	9	3	5	2
5	6	9	3	1	2	8	7	4
7	3	2	4	5	8	6	9	1

Puzzle 15

4	8	9	1	5	3	7	2	6
1	6	5	8	2	7	9	4	3
7	3	2	4	9	6	1	5	8
8	1	4	6	3	9	2	7	5
3	2	7	5	4	1	6	8	9
9	5	6	7	8	2	3	1	4
2	4	3	9	7	5	8	6	1
6	9	8	2	1	4	5	3	7
5	7	1	3	6	8	4	9	2

Puzzle 16

4	2	8	6	5	7	3	9	1
1	9	3	8	4	2	7	5	6
7	6	5	1	9	3	4	8	2
2	1	7	5	6	8	9	4	3
9	8	6	3	1	4	2	7	5
3	5	4	7	2	9	6	1	8
6	4	9	2	8	5	1	3	7
5	3	1	9	7	6	8	2	4
8	7	2	4	3	1	5	6	9

Puzzle 17

3	4	6	9	1	5	2	7	8
8	7	2	4	6	3	1	5	9
1	9	5	8	2	7	3	6	4
2	3	4	1	8	6	5	9	7
9	1	8	5	7	4	6	2	3
6	5	7	2	3	9	4	8	1
4	6	3	7	9	2	8	1	5
7	2	1	3	5	8	9	4	6
5	8	9	6	4	1	7	3	2

Puzzle 18

1	3	7	6	5	2	8	9	4
4	6	2	8	9	7	1	5	3
8	5	9	4	3	1	2	6	7
5	8	1	2	6	4	3	7	9
9	4	6	7	8	3	5	2	1
7	2	3	9	1	5	4	8	6
2	9	4	1	7	8	6	3	5
6	1	5	3	2	9	7	4	8
3	7	8	5	4	6	9	1	2

Puzzle 19

3	2	8	4	7	5	1	6	9
5	6	1	3	2	9	4	8	7
7	4	9	8	1	6	3	5	2
8	7	3	6	5	2	9	1	4
6	1	4	7	9	8	2	3	5
9	5	2	1	4	3	6	7	8
2	3	7	5	6	4	8	9	1
1	9	6	2	8	7	5	4	3
4	8	5	9	3	1	7	2	6

Puzzle 20

6	7	9	8	3	5	1	2	4
4	8	2	6	7	1	9	5	3
3	1	5	9	2	4	8	7	6
7	4	8	2	1	9	3	6	5
2	5	6	7	8	3	4	9	1
1	9	3	4	5	6	2	8	7
9	3	4	5	6	8	7	1	2
8	6	7	1	4	2	5	3	9
5	2	1	3	9	7	6	4	8

Puzzle 21

2	7	9	8	5	3	4	6	1
8	1	4	6	7	9	3	2	5
5	6	3	2	4	1	7	9	8
7	4	6	1	2	8	9	5	3
3	9	2	7	6	5	1	8	4
1	5	8	9	3	4	2	7	6
4	3	7	5	8	2	6	1	9
9	2	5	4	1	6	8	3	7
6	8	1	3	9	7	5	4	2

Puzzle 22

1	9	5	8	7	2	4	3	6
6	3	4	1	9	5	7	2	8
8	2	7	6	3	4	1	5	9
4	1	9	3	2	6	5	8	7
5	6	3	4	8	7	9	1	2
7	8	2	5	1	9	3	6	4
2	7	8	9	5	3	6	4	1
9	5	6	2	4	1	8	7	3
3	4	1	7	6	8	2	9	5

Puzzle 23

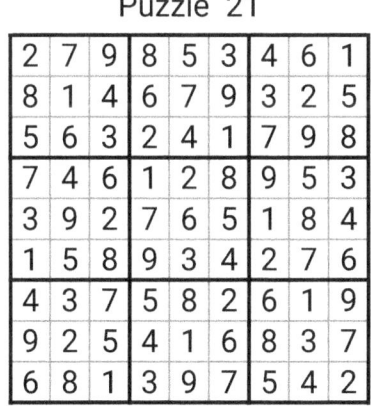

9	5	8	7	1	6	4	2	3
7	6	2	3	5	4	8	1	9
1	3	4	9	8	2	6	7	5
3	9	5	8	4	1	7	6	2
4	7	1	6	2	3	9	5	8
8	2	6	5	7	9	3	4	1
6	1	7	2	3	8	5	9	4
2	8	9	4	6	5	1	3	7
5	4	3	1	9	7	2	8	6

Puzzle 24

9	6	1	5	8	3	2	4	7
3	4	7	2	6	1	8	9	5
5	2	8	9	4	7	1	6	3
2	1	9	7	3	6	5	8	4
8	7	5	4	9	2	3	1	6
4	3	6	8	1	5	9	7	2
7	5	4	1	2	9	6	3	8
1	8	3	6	5	4	7	2	9
6	9	2	3	7	8	4	5	1

Puzzle 25

7	4	8	5	1	2	6	9	3
1	5	9	7	3	6	4	2	8
6	3	2	4	8	9	1	7	5
4	9	3	2	6	1	5	8	7
2	7	1	3	5	8	9	6	4
8	6	5	9	4	7	2	3	1
9	8	4	6	7	5	3	1	2
5	2	7	1	9	3	8	4	6
3	1	6	8	2	4	7	5	9

Puzzle 26

8	1	7	4	5	6	9	2	3
2	9	6	8	7	3	4	5	1
3	4	5	9	1	2	8	6	7
9	8	1	5	6	4	3	7	2
7	5	3	2	9	1	6	8	4
4	6	2	3	8	7	1	9	5
5	3	8	1	2	9	7	4	6
1	7	9	6	4	5	2	3	8
6	2	4	7	3	8	5	1	9

Puzzle 27

9	7	6	5	4	8	2	1	3
1	2	3	6	9	7	4	8	5
4	8	5	3	1	2	6	7	9
3	5	4	7	6	9	1	2	8
6	9	7	8	2	1	3	5	4
8	1	2	4	5	3	9	6	7
5	4	8	2	3	6	7	9	1
7	6	1	9	8	4	5	3	2
2	3	9	1	7	5	8	4	6

Puzzle 28

8	7	3	6	1	9	5	2	4
4	1	2	8	7	5	6	3	9
6	5	9	3	2	4	8	1	7
5	8	4	9	3	1	7	6	2
3	9	6	2	4	7	1	5	8
1	2	7	5	6	8	4	9	3
9	4	1	7	5	3	2	8	6
7	6	8	1	9	2	3	4	5
2	3	5	4	8	6	9	7	1

Puzzle 29

9	6	4	7	1	2	5	3	8
2	8	7	9	3	5	4	6	1
5	3	1	6	8	4	9	7	2
3	2	9	4	5	8	7	1	6
4	7	8	3	6	1	2	5	9
6	1	5	2	9	7	3	8	4
8	5	3	1	2	9	6	4	7
1	4	2	5	7	6	8	9	3
7	9	6	8	4	3	1	2	5

Puzzle 30

1	6	3	7	2	4	9	8	5
9	4	5	8	6	3	2	1	7
8	7	2	1	5	9	4	3	6
3	2	6	5	1	7	8	4	9
7	9	1	4	3	8	5	6	2
5	8	4	6	9	2	1	7	3
4	3	7	2	8	5	6	9	1
6	5	9	3	4	1	7	2	8
2	1	8	9	7	6	3	5	4

Puzzle 31

7	2	3	9	8	1	5	4	6
1	8	9	6	5	4	7	3	2
4	6	5	7	3	2	1	8	9
8	5	1	4	2	6	9	7	3
6	9	7	3	1	8	4	2	5
2	3	4	5	7	9	8	6	1
5	7	2	8	9	3	6	1	4
9	1	6	2	4	7	3	5	8
3	4	8	1	6	5	2	9	7

Puzzle 32

1	8	4	5	9	6	3	7	2
5	3	2	4	1	7	6	9	8
7	6	9	2	8	3	4	1	5
3	4	5	1	6	2	9	8	7
2	7	8	3	4	9	5	6	1
6	9	1	7	5	8	2	3	4
4	2	3	9	7	1	8	5	6
8	5	7	6	3	4	1	2	9
9	1	6	8	2	5	7	4	3

Puzzle 33

6	5	3	8	4	1	9	2	7
4	9	7	5	2	6	8	1	3
2	8	1	7	3	9	4	5	6
3	1	5	9	7	4	6	8	2
7	2	8	3	6	5	1	4	9
9	4	6	1	8	2	7	3	5
1	7	2	4	9	3	5	6	8
5	3	9	6	1	8	2	7	4
8	6	4	2	5	7	3	9	1

Puzzle 34

1	4	6	3	8	7	2	9	5
3	8	2	4	9	5	7	1	6
5	7	9	1	6	2	8	4	3
6	9	3	7	1	4	5	2	8
8	2	1	6	5	9	3	7	4
7	5	4	8	2	3	9	6	1
2	1	8	9	3	6	4	5	7
4	3	5	2	7	1	6	8	9
9	6	7	5	4	8	1	3	2

Puzzle 35

1	4	8	9	5	6	7	2	3
9	7	3	8	4	2	1	5	6
5	2	6	7	1	3	9	8	4
7	6	4	5	9	1	8	3	2
8	9	1	2	3	4	6	7	5
3	5	2	6	7	8	4	1	9
4	3	7	1	2	9	5	6	8
6	1	9	3	8	5	2	4	7
2	8	5	4	6	7	3	9	1

Puzzle 36

5	9	7	3	2	4	1	6	8
4	6	2	8	1	7	5	9	3
8	3	1	6	9	5	7	4	2
6	1	5	2	3	9	8	7	4
3	2	4	5	7	8	9	1	6
7	8	9	4	6	1	2	3	5
2	7	3	1	8	6	4	5	9
9	4	6	7	5	2	3	8	1
1	5	8	9	4	3	6	2	7

Puzzle 37

8	9	2	6	3	7	5	4	1
7	6	1	4	5	9	3	8	2
3	5	4	1	2	8	7	6	9
2	7	5	3	1	4	6	9	8
6	4	3	8	9	5	2	1	7
9	1	8	7	6	2	4	3	5
5	2	6	9	8	3	1	7	4
4	3	9	5	7	1	8	2	6
1	8	7	2	4	6	9	5	3

Puzzle 38

9	6	7	5	3	2	8	1	4
5	4	8	7	9	1	6	3	2
2	1	3	6	4	8	7	9	5
8	2	9	4	6	5	1	7	3
7	3	4	2	1	9	5	8	6
1	5	6	3	8	7	4	2	9
6	7	2	1	5	3	9	4	8
3	8	5	9	7	4	2	6	1
4	9	1	8	2	6	3	5	7

Puzzle 39

8	7	9	6	4	1	3	2	5
4	5	3	2	8	7	9	6	1
2	6	1	5	9	3	7	8	4
7	4	8	1	6	2	5	9	3
9	1	5	8	3	4	6	7	2
3	2	6	7	5	9	1	4	8
6	8	7	3	2	5	4	1	9
1	3	4	9	7	8	2	5	6
5	9	2	4	1	6	8	3	7

Puzzle 40

6	8	4	2	9	5	1	7	3
2	1	3	6	8	7	9	4	5
7	5	9	1	3	4	8	6	2
9	4	5	8	1	3	6	2	7
8	7	1	5	2	6	4	3	9
3	6	2	7	4	9	5	1	8
4	3	8	9	6	2	7	5	1
5	9	6	3	7	1	2	8	4
1	2	7	4	5	8	3	9	6

Puzzle 41

4	1	5	8	3	9	2	7	6
7	3	8	6	1	2	5	4	9
2	9	6	5	4	7	1	3	8
8	7	1	3	6	5	4	9	2
5	6	2	9	7	4	8	1	3
3	4	9	1	2	8	7	6	5
6	8	7	4	5	3	9	2	1
9	2	3	7	8	1	6	5	4
1	5	4	2	9	6	3	8	7

Puzzle 42

9	3	8	1	2	6	4	7	5
6	7	5	3	8	4	2	9	1
1	4	2	5	7	9	3	6	8
3	2	7	4	6	1	5	8	9
5	1	9	7	3	8	6	4	2
8	6	4	9	5	2	1	3	7
2	5	6	8	4	7	9	1	3
7	9	3	6	1	5	8	2	4
4	8	1	2	9	3	7	5	6

Puzzle 43

4	1	3	8	6	7	5	2	9
2	7	8	9	1	5	4	3	6
6	5	9	4	2	3	1	7	8
3	6	1	2	8	9	7	5	4
9	2	7	1	5	4	6	8	3
5	8	4	3	7	6	2	9	1
1	3	6	5	9	2	8	4	7
8	9	5	7	4	1	3	6	2
7	4	2	6	3	8	9	1	5

Puzzle 44

3	7	8	9	5	4	1	6	2
4	9	2	7	1	6	5	8	3
5	6	1	8	3	2	9	4	7
1	5	3	4	7	9	8	2	6
8	4	7	2	6	5	3	1	9
9	2	6	1	8	3	4	7	5
7	1	9	5	2	8	6	3	4
2	3	4	6	9	1	7	5	8
6	8	5	3	4	7	2	9	1

Puzzle 45

6	2	4	7	5	8	9	3	1
3	8	1	4	2	9	5	7	6
7	9	5	6	1	3	4	2	8
9	6	3	1	4	7	8	5	2
2	4	7	5	8	6	3	1	9
1	5	8	3	9	2	7	6	4
4	3	9	2	7	1	6	8	5
8	7	2	9	6	5	1	4	3
5	1	6	8	3	4	2	9	7

Puzzle 46

8	9	2	1	5	4	6	7	3
6	1	3	2	9	7	4	5	8
5	7	4	3	8	6	1	2	9
1	5	8	6	4	3	7	9	2
4	6	7	9	2	5	3	8	1
3	2	9	7	1	8	5	6	4
9	3	1	5	6	2	8	4	7
2	8	5	4	7	1	9	3	6
7	4	6	8	3	9	2	1	5

Puzzle 47

6	5	7	9	2	1	8	4	3
8	1	9	4	7	3	2	5	6
4	2	3	8	5	6	1	7	9
9	4	8	7	3	2	5	6	1
2	6	1	5	4	9	7	3	8
7	3	5	1	6	8	9	2	4
5	9	6	2	1	4	3	8	7
1	7	4	3	8	5	6	9	2
3	8	2	6	9	7	4	1	5

Puzzle 48

9	6	4	2	8	7	5	1	3
7	8	2	5	1	3	6	9	4
5	3	1	6	4	9	7	2	8
8	2	5	3	9	6	1	4	7
3	7	6	1	5	4	9	8	2
4	1	9	7	2	8	3	6	5
1	4	8	9	7	5	2	3	6
6	9	7	8	3	2	4	5	1
2	5	3	4	6	1	8	7	9

Puzzle 49

8	9	2	3	4	6	7	1	5
1	4	3	7	9	5	8	2	6
7	5	6	8	1	2	4	3	9
4	6	8	2	5	7	1	9	3
9	1	5	6	3	4	2	7	8
3	2	7	1	8	9	5	6	4
2	8	1	4	6	3	9	5	7
5	3	4	9	7	1	6	8	2
6	7	9	5	2	8	3	4	1

Puzzle 50

7	8	1	3	4	9	2	5	6
9	4	6	5	7	2	1	8	3
5	2	3	1	8	6	9	4	7
3	5	9	2	1	4	6	7	8
8	7	4	6	9	3	5	2	1
1	6	2	7	5	8	3	9	4
4	1	8	9	3	5	7	6	2
2	3	5	4	6	7	8	1	9
6	9	7	8	2	1	4	3	5

Puzzle 51

9	1	7	2	8	3	5	6	4
4	3	2	6	7	5	9	1	8
6	8	5	9	1	4	7	2	3
8	9	1	4	3	7	2	5	6
7	4	6	1	5	2	3	8	9
2	5	3	8	9	6	4	7	1
3	2	8	7	6	9	1	4	5
1	7	9	5	4	8	6	3	2
5	6	4	3	2	1	8	9	7

Puzzle 52

6	9	7	1	8	5	3	4	2
5	8	2	3	4	6	9	7	1
3	1	4	9	7	2	6	5	8
1	2	5	6	3	8	4	9	7
7	6	8	2	9	4	5	1	3
4	3	9	5	1	7	8	2	6
2	7	3	8	5	9	1	6	4
9	4	1	7	6	3	2	8	5
8	5	6	4	2	1	7	3	9

Puzzle 53

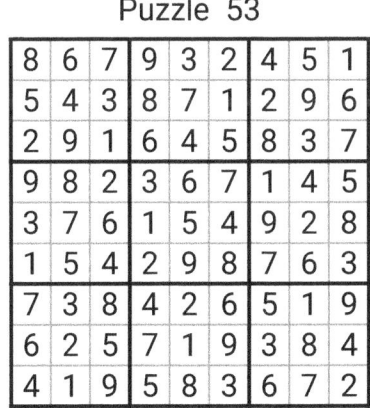

8	6	7	9	3	2	4	5	1
5	4	3	8	7	1	2	9	6
2	9	1	6	4	5	8	3	7
9	8	2	3	6	7	1	4	5
3	7	6	1	5	4	9	2	8
1	5	4	2	9	8	7	6	3
7	3	8	4	2	6	5	1	9
6	2	5	7	1	9	3	8	4
4	1	9	5	8	3	6	7	2

Puzzle 54

6	4	5	8	7	3	1	2	9
9	2	7	5	1	4	6	3	8
3	8	1	9	6	2	5	4	7
5	3	6	2	8	7	9	1	4
1	9	2	4	5	6	8	7	3
4	7	8	1	3	9	2	6	5
8	1	3	7	2	5	4	9	6
2	6	4	3	9	8	7	5	1
7	5	9	6	4	1	3	8	2

Puzzle 55

9	7	3	6	2	8	4	1	5
2	5	4	3	1	7	8	9	6
8	1	6	9	5	4	7	3	2
3	6	1	4	9	5	2	7	8
5	9	7	8	3	2	1	6	4
4	8	2	1	7	6	9	5	3
7	4	8	5	6	9	3	2	1
6	3	9	2	8	1	5	4	7
1	2	5	7	4	3	6	8	9

Puzzle 56

7	6	4	2	3	8	1	5	9
9	5	3	6	4	1	8	7	2
8	2	1	9	5	7	6	4	3
2	4	9	3	7	6	5	1	8
3	8	6	4	1	5	2	9	7
1	7	5	8	2	9	4	3	6
4	3	7	5	6	2	9	8	1
5	9	2	1	8	3	7	6	4
6	1	8	7	9	4	3	2	5

Puzzle 57

7	4	6	1	8	5	2	9	3
9	5	1	6	2	3	4	7	8
2	3	8	7	9	4	1	5	6
3	7	2	4	5	6	8	1	9
5	1	4	9	7	8	6	3	2
6	8	9	3	1	2	5	4	7
8	9	7	2	4	1	3	6	5
4	2	3	5	6	7	9	8	1
1	6	5	8	3	9	7	2	4

Puzzle 58

4	3	5	1	7	2	9	8	6
9	7	1	3	8	6	2	4	5
8	2	6	5	9	4	1	7	3
7	4	9	8	2	3	6	5	1
3	1	8	7	6	5	4	9	2
5	6	2	4	1	9	7	3	8
1	9	4	6	3	8	5	2	7
6	5	3	2	4	7	8	1	9
2	8	7	9	5	1	3	6	4

Puzzle 59

4	2	7	6	8	9	3	1	5
8	5	3	1	2	7	6	4	9
6	1	9	4	3	5	7	2	8
9	8	5	7	6	2	4	3	1
2	6	1	9	4	3	8	5	7
3	7	4	8	5	1	2	9	6
1	4	2	5	7	6	9	8	3
5	3	6	2	9	8	1	7	4
7	9	8	3	1	4	5	6	2

Puzzle 60

9	4	3	2	5	6	1	7	8
1	5	7	3	4	8	2	6	9
8	2	6	1	7	9	4	3	5
6	3	8	9	2	4	5	1	7
7	9	2	5	1	3	8	4	6
5	1	4	8	6	7	3	9	2
3	8	5	6	9	1	7	2	4
4	6	1	7	8	2	9	5	3
2	7	9	4	3	5	6	8	1

Puzzle 61

2	6	8	5	3	4	9	1	7
9	7	4	6	8	1	3	5	2
5	1	3	2	9	7	4	8	6
7	4	2	1	5	6	8	9	3
6	5	9	3	2	8	7	4	1
3	8	1	4	7	9	6	2	5
4	2	6	8	1	3	5	7	9
8	9	5	7	6	2	1	3	4
1	3	7	9	4	5	2	6	8

Puzzle 62

3	1	7	8	9	6	2	5	4
4	9	2	7	1	5	6	8	3
5	6	8	4	3	2	1	7	9
1	5	9	6	4	8	7	3	2
8	2	3	9	5	7	4	1	6
7	4	6	1	2	3	5	9	8
2	8	5	3	6	1	9	4	7
9	3	1	2	7	4	8	6	5
6	7	4	5	8	9	3	2	1

Puzzle 63

1	7	5	9	8	2	3	6	4
3	8	9	4	7	6	2	1	5
4	2	6	5	1	3	8	9	7
5	4	2	1	3	7	9	8	6
6	1	7	2	9	8	4	5	3
8	9	3	6	5	4	1	7	2
9	6	8	3	4	5	7	2	1
7	5	4	8	2	1	6	3	9
2	3	1	7	6	9	5	4	8

Puzzle 64

1	6	5	8	2	4	7	3	9
9	3	7	5	1	6	4	8	2
4	8	2	9	3	7	5	6	1
7	2	1	3	6	5	8	9	4
3	4	8	2	7	9	6	1	5
6	5	9	4	8	1	3	2	7
2	1	4	6	5	3	9	7	8
8	9	3	7	4	2	1	5	6
5	7	6	1	9	8	2	4	3

Puzzle 65

5	1	7	6	8	9	3	4	2
8	4	6	1	2	3	5	9	7
3	2	9	5	4	7	1	8	6
9	8	2	4	5	1	6	7	3
6	3	5	9	7	8	2	1	4
1	7	4	2	3	6	9	5	8
4	5	1	8	6	2	7	3	9
2	9	3	7	1	4	8	6	5
7	6	8	3	9	5	4	2	1

Puzzle 66

5	8	2	1	7	9	6	4	3
3	1	6	2	5	4	7	9	8
9	7	4	8	6	3	2	5	1
4	6	1	7	2	8	9	3	5
7	5	9	3	4	6	8	1	2
8	2	3	5	9	1	4	7	6
1	4	7	6	8	5	3	2	9
6	9	5	4	3	2	1	8	7
2	3	8	9	1	7	5	6	4

Puzzle 67

9	6	2	4	3	8	5	1	7
1	4	8	9	5	7	2	6	3
5	3	7	1	6	2	4	9	8
4	1	5	2	9	3	8	7	6
7	8	9	5	4	6	1	3	2
6	2	3	8	7	1	9	5	4
3	9	4	6	8	5	7	2	1
2	5	6	7	1	4	3	8	9
8	7	1	3	2	9	6	4	5

Puzzle 68

9	6	8	3	1	5	4	7	2
2	1	5	8	4	7	9	6	3
4	7	3	6	2	9	8	5	1
5	4	1	2	7	8	3	9	6
6	3	7	5	9	4	2	1	8
8	2	9	1	6	3	5	4	7
7	8	4	9	3	1	6	2	5
1	5	6	4	8	2	7	3	9
3	9	2	7	5	6	1	8	4

Puzzle 69

7	1	9	5	2	8	4	6	3
5	3	8	7	4	6	2	9	1
4	6	2	3	9	1	8	7	5
8	4	5	6	7	9	1	3	2
3	9	1	8	5	2	6	4	7
2	7	6	4	1	3	5	8	9
6	5	4	1	3	7	9	2	8
9	8	3	2	6	5	7	1	4
1	2	7	9	8	4	3	5	6

Puzzle 70

3	7	4	2	6	1	5	8	9
5	1	6	9	4	8	3	7	2
2	8	9	7	5	3	6	1	4
8	5	2	4	9	6	1	3	7
9	6	3	8	1	7	4	2	5
7	4	1	5	3	2	8	9	6
4	2	8	1	7	5	9	6	3
6	9	7	3	8	4	2	5	1
1	3	5	6	2	9	7	4	8

Puzzle 71

2	9	6	8	5	7	4	1	3
5	3	8	9	4	1	2	7	6
7	4	1	3	2	6	5	9	8
8	5	2	6	1	3	7	4	9
4	7	3	2	8	9	1	6	5
6	1	9	5	7	4	3	8	2
9	6	4	1	3	2	8	5	7
3	8	7	4	9	5	6	2	1
1	2	5	7	6	8	9	3	4

Puzzle 72

6	5	9	4	8	1	3	2	7
1	3	8	6	7	2	4	9	5
2	4	7	3	5	9	1	6	8
7	1	5	8	2	4	6	3	9
4	9	6	5	3	7	8	1	2
8	2	3	1	9	6	7	5	4
5	8	2	7	6	3	9	4	1
9	6	4	2	1	8	5	7	3
3	7	1	9	4	5	2	8	6

Puzzle 73

9	7	5	1	8	4	3	6	2
4	3	6	5	9	2	8	1	7
8	2	1	3	7	6	5	4	9
1	4	3	7	2	9	6	5	8
7	8	2	4	6	5	1	9	3
6	5	9	8	3	1	2	7	4
3	6	8	9	5	7	4	2	1
2	1	7	6	4	3	9	8	5
5	9	4	2	1	8	7	3	6

Puzzle 74

2	9	1	4	5	8	3	6	7
3	4	5	6	1	7	2	9	8
6	8	7	3	2	9	5	1	4
9	7	6	1	4	2	8	3	5
4	1	2	8	3	5	9	7	6
8	5	3	9	7	6	1	4	2
5	2	9	7	6	3	4	8	1
1	6	8	2	9	4	7	5	3
7	3	4	5	8	1	6	2	9

Puzzle 75

3	7	2	5	6	1	8	4	9
4	1	9	7	2	8	6	5	3
6	8	5	9	3	4	7	1	2
8	4	6	1	7	3	2	9	5
1	9	7	4	5	2	3	6	8
2	5	3	6	8	9	1	7	4
5	6	8	3	4	7	9	2	1
9	3	4	2	1	6	5	8	7
7	2	1	8	9	5	4	3	6

Puzzle 76

4	5	1	7	6	2	9	3	8
9	8	6	3	5	1	7	4	2
3	2	7	4	8	9	6	1	5
6	7	2	1	9	4	5	8	3
8	4	5	2	3	6	1	7	9
1	9	3	8	7	5	2	6	4
2	3	9	6	4	7	8	5	1
5	6	4	9	1	8	3	2	7
7	1	8	5	2	3	4	9	6

Puzzle 77

6	1	9	2	3	4	5	8	7
4	2	8	5	6	7	9	3	1
5	7	3	1	9	8	6	4	2
2	6	4	9	7	5	3	1	8
9	5	1	3	8	2	7	6	4
8	3	7	6	4	1	2	5	9
7	9	5	8	1	6	4	2	3
1	4	2	7	5	3	8	9	6
3	8	6	4	2	9	1	7	5

Puzzle 78

3	5	8	9	4	6	7	1	2
9	7	2	5	1	3	8	6	4
4	6	1	2	7	8	3	9	5
8	1	6	4	2	7	9	5	3
5	2	9	3	8	1	6	4	7
7	3	4	6	9	5	2	8	1
2	9	5	7	6	4	1	3	8
1	4	7	8	3	9	5	2	6
6	8	3	1	5	2	4	7	9

Puzzle 79

3	2	4	1	5	6	8	9	7
8	5	1	2	7	9	3	6	4
9	6	7	4	8	3	5	1	2
4	7	3	8	2	1	9	5	6
1	8	6	7	9	5	4	2	3
5	9	2	6	3	4	1	7	8
6	4	8	9	1	7	2	3	5
7	1	5	3	4	2	6	8	9
2	3	9	5	6	8	7	4	1

Puzzle 80

4	1	2	9	8	7	3	6	5
5	8	6	3	2	1	7	4	9
9	3	7	5	6	4	2	1	8
1	5	3	4	7	8	6	9	2
2	7	8	1	9	6	4	5	3
6	4	9	2	5	3	1	8	7
7	9	1	6	3	5	8	2	4
3	2	4	8	1	9	5	7	6
8	6	5	7	4	2	9	3	1

Puzzle 81

3	5	4	2	6	7	8	9	1
7	9	8	1	3	4	5	6	2
1	6	2	8	5	9	4	3	7
9	8	7	3	1	6	2	5	4
6	3	1	4	2	5	7	8	9
4	2	5	7	9	8	6	1	3
2	1	6	5	4	3	9	7	8
5	7	3	9	8	2	1	4	6
8	4	9	6	7	1	3	2	5

Puzzle 82

2	5	4	7	9	8	3	6	1
1	7	6	2	5	3	4	8	9
8	3	9	1	6	4	2	5	7
6	1	7	3	4	9	8	2	5
4	2	5	8	7	1	6	9	3
3	9	8	5	2	6	7	1	4
9	8	3	4	1	2	5	7	6
7	4	1	6	8	5	9	3	2
5	6	2	9	3	7	1	4	8

Puzzle 83

3	2	7	9	5	1	8	6	4
9	5	4	3	6	8	2	1	7
8	6	1	7	2	4	9	5	3
6	1	5	4	9	2	7	3	8
4	9	8	6	7	3	1	2	5
7	3	2	1	8	5	6	4	9
1	8	6	5	4	7	3	9	2
5	7	9	2	3	6	4	8	1
2	4	3	8	1	9	5	7	6

Puzzle 84

3	7	9	5	1	6	4	2	8
4	6	5	9	2	8	7	3	1
1	2	8	3	7	4	5	9	6
6	5	2	1	9	3	8	4	7
9	8	3	7	4	5	1	6	2
7	4	1	8	6	2	3	5	9
2	9	7	4	5	1	6	8	3
8	1	4	6	3	9	2	7	5
5	3	6	2	8	7	9	1	4

Puzzle 85

4	9	5	2	3	6	7	1	8
6	2	7	1	9	8	3	5	4
3	1	8	7	4	5	2	6	9
7	8	2	4	5	3	6	9	1
5	4	6	9	1	2	8	3	7
9	3	1	6	8	7	5	4	2
1	7	3	5	2	4	9	8	6
8	6	9	3	7	1	4	2	5
2	5	4	8	6	9	1	7	3

Puzzle 86

7	6	5	4	2	3	1	9	8
2	1	3	5	9	8	7	6	4
4	9	8	1	6	7	2	3	5
9	2	6	3	1	4	5	8	7
1	3	7	9	8	5	4	2	6
5	8	4	6	7	2	9	1	3
6	4	2	8	5	1	3	7	9
3	7	9	2	4	6	8	5	1
8	5	1	7	3	9	6	4	2

Puzzle 87

2	1	6	4	7	8	3	9	5
8	4	7	9	5	3	1	2	6
3	9	5	2	6	1	7	4	8
5	2	3	7	1	9	6	8	4
1	6	9	3	8	4	5	7	2
4	7	8	6	2	5	9	1	3
6	3	4	8	9	7	2	5	1
7	8	1	5	3	2	4	6	9
9	5	2	1	4	6	8	3	7

Puzzle 88

3	9	1	6	4	8	7	5	2
5	7	2	3	9	1	8	6	4
6	4	8	5	7	2	1	3	9
7	3	9	8	5	4	2	1	6
4	2	5	1	3	6	9	8	7
8	1	6	9	2	7	5	4	3
1	6	3	7	8	9	4	2	5
2	8	7	4	6	5	3	9	1
9	5	4	2	1	3	6	7	8

Puzzle 89

2	3	1	4	7	9	8	6	5
8	9	6	1	3	5	4	2	7
5	4	7	8	2	6	3	1	9
6	7	2	3	5	1	9	4	8
4	8	5	9	6	7	2	3	1
9	1	3	2	4	8	5	7	6
7	2	8	5	1	3	6	9	4
3	6	9	7	8	4	1	5	2
1	5	4	6	9	2	7	8	3

Puzzle 90

5	7	2	9	4	3	1	8	6
3	9	6	1	7	8	4	5	2
1	8	4	5	2	6	7	9	3
2	3	1	7	9	4	5	6	8
9	6	8	3	1	5	2	4	7
7	4	5	8	6	2	3	1	9
4	1	3	6	8	7	9	2	5
6	2	7	4	5	9	8	3	1
8	5	9	2	3	1	6	7	4

Puzzle 91

8	3	2	1	7	6	4	9	5
1	6	7	4	9	5	2	3	8
5	9	4	2	3	8	6	7	1
3	2	5	8	6	7	1	4	9
6	1	9	3	2	4	5	8	7
4	7	8	9	5	1	3	6	2
2	4	1	7	8	3	9	5	6
9	8	6	5	4	2	7	1	3
7	5	3	6	1	9	8	2	4

Puzzle 92

9	6	8	4	3	5	1	7	2
7	1	5	6	9	2	3	8	4
3	4	2	7	1	8	5	6	9
2	5	1	8	7	3	4	9	6
6	9	7	1	5	4	2	3	8
4	8	3	9	2	6	7	1	5
8	3	6	2	4	7	9	5	1
1	7	4	5	8	9	6	2	3
5	2	9	3	6	1	8	4	7

Puzzle 93

9	5	2	4	6	1	3	7	8
3	4	8	7	9	2	6	1	5
1	7	6	8	3	5	4	9	2
8	1	7	9	2	3	5	6	4
5	9	4	6	1	8	2	3	7
6	2	3	5	4	7	9	8	1
7	3	9	2	8	4	1	5	6
2	8	1	3	5	6	7	4	9
4	6	5	1	7	9	8	2	3

Puzzle 94

9	3	7	4	8	6	5	1	2
8	2	6	1	3	5	7	4	9
4	5	1	9	2	7	8	3	6
1	8	3	2	6	4	9	7	5
5	7	2	3	9	1	6	8	4
6	4	9	7	5	8	1	2	3
2	6	4	8	1	9	3	5	7
7	1	5	6	4	3	2	9	8
3	9	8	5	7	2	4	6	1

Puzzle 95

5	9	6	3	8	2	4	7	1
1	3	4	7	9	5	6	2	8
7	2	8	4	1	6	9	5	3
8	7	5	2	3	4	1	9	6
2	4	9	8	6	1	7	3	5
6	1	3	9	5	7	8	4	2
4	8	1	5	2	9	3	6	7
3	5	7	6	4	8	2	1	9
9	6	2	1	7	3	5	8	4

Puzzle 96

5	7	1	9	2	8	6	4	3
4	3	6	1	5	7	2	8	9
2	8	9	4	6	3	5	7	1
6	4	7	3	8	2	9	1	5
9	5	3	6	4	1	7	2	8
1	2	8	5	7	9	3	6	4
8	6	5	2	9	4	1	3	7
7	1	2	8	3	5	4	9	6
3	9	4	7	1	6	8	5	2

Puzzle 97

1	9	3	8	2	5	4	6	7
2	6	7	3	9	4	8	1	5
8	5	4	7	6	1	9	2	3
5	7	6	9	8	3	1	4	2
9	3	1	5	4	2	7	8	6
4	8	2	1	7	6	3	5	9
7	1	8	6	5	9	2	3	4
6	4	9	2	3	8	5	7	1
3	2	5	4	1	7	6	9	8

Puzzle 98

5	7	9	1	2	8	6	4	3
2	8	1	6	3	4	7	5	9
4	6	3	9	7	5	2	1	8
3	9	5	8	4	2	1	6	7
1	2	7	3	9	6	5	8	4
6	4	8	7	5	1	3	9	2
8	1	2	4	6	7	9	3	5
7	3	4	5	1	9	8	2	6
9	5	6	2	8	3	4	7	1

Puzzle 99

7	9	4	8	6	1	3	2	5
1	2	6	3	7	5	4	8	9
5	3	8	4	2	9	1	7	6
8	4	7	1	3	6	9	5	2
6	5	2	9	8	4	7	3	1
3	1	9	2	5	7	8	6	4
4	7	5	6	1	8	2	9	3
9	6	3	7	4	2	5	1	8
2	8	1	5	9	3	6	4	7

Puzzle 100

3	9	1	4	7	2	8	6	5
8	6	5	3	1	9	4	2	7
4	2	7	6	5	8	9	1	3
6	3	2	8	4	5	7	9	1
7	1	4	2	9	6	3	5	8
9	5	8	1	3	7	2	4	6
1	4	6	9	8	3	5	7	2
5	8	9	7	2	1	6	3	4
2	7	3	5	6	4	1	8	9

Puzzle 101

3	9	6	1	2	4	5	7	8
4	7	1	6	8	5	2	9	3
2	5	8	3	9	7	1	6	4
6	3	5	8	4	9	7	2	1
9	4	2	5	7	1	8	3	6
1	8	7	2	3	6	4	5	9
5	2	4	9	1	3	6	8	7
8	1	9	7	6	2	3	4	5
7	6	3	4	5	8	9	1	2

Puzzle 102

1	9	2	4	5	6	7	3	8
4	5	7	1	3	8	2	9	6
6	8	3	9	2	7	5	1	4
8	7	5	6	1	4	3	2	9
2	3	6	8	9	5	1	4	7
9	1	4	2	7	3	8	6	5
3	4	8	7	6	2	9	5	1
5	6	9	3	8	1	4	7	2
7	2	1	5	4	9	6	8	3

Puzzle 103

1	4	7	5	6	2	3	9	8
9	3	8	7	1	4	5	6	2
5	2	6	8	9	3	7	1	4
2	9	5	3	7	6	8	4	1
4	6	1	9	5	8	2	7	3
7	8	3	4	2	1	6	5	9
8	1	2	6	4	7	9	3	5
6	5	4	2	3	9	1	8	7
3	7	9	1	8	5	4	2	6

Puzzle 104

7	4	2	6	5	3	9	8	1
8	6	3	4	1	9	2	5	7
5	9	1	7	8	2	6	3	4
6	1	9	5	2	7	3	4	8
4	3	7	1	6	8	5	9	2
2	5	8	9	3	4	7	1	6
3	7	4	8	9	6	1	2	5
9	8	5	2	7	1	4	6	3
1	2	6	3	4	5	8	7	9

Puzzle 105

7	4	2	6	8	5	9	3	1
1	9	6	2	7	3	8	4	5
5	8	3	1	4	9	7	2	6
3	1	7	8	5	2	4	6	9
8	5	9	7	6	4	3	1	2
6	2	4	9	3	1	5	7	8
9	7	8	3	1	6	2	5	4
4	3	1	5	2	8	6	9	7
2	6	5	4	9	7	1	8	3

Puzzle 106

6	7	1	2	5	8	3	9	4
5	4	8	6	3	9	7	2	1
9	3	2	1	7	4	5	6	8
8	1	9	5	4	7	2	3	6
4	2	3	8	9	6	1	5	7
7	6	5	3	2	1	4	8	9
2	8	4	7	6	5	9	1	3
1	5	7	9	8	3	6	4	2
3	9	6	4	1	2	8	7	5

Puzzle 107

4	2	1	7	6	5	9	8	3
8	7	5	1	9	3	2	4	6
6	9	3	2	8	4	5	7	1
2	4	6	3	7	8	1	9	5
7	1	9	4	5	2	3	6	8
5	3	8	6	1	9	4	2	7
9	6	2	8	3	1	7	5	4
3	8	4	5	2	7	6	1	9
1	5	7	9	4	6	8	3	2

Puzzle 108

3	1	7	8	6	4	2	9	5
8	4	5	2	9	3	7	6	1
2	9	6	1	7	5	4	3	8
4	6	1	7	5	2	9	8	3
5	3	2	9	8	6	1	7	4
7	8	9	4	3	1	6	5	2
1	7	3	6	4	8	5	2	9
6	2	8	5	1	9	3	4	7
9	5	4	3	2	7	8	1	6

Puzzle 109

7	1	2	5	4	8	6	9	3
9	3	4	2	1	6	8	5	7
6	8	5	7	9	3	1	4	2
4	7	3	6	8	5	9	2	1
5	6	8	1	2	9	7	3	4
2	9	1	3	7	4	5	8	6
1	5	9	4	6	2	3	7	8
3	2	6	8	5	7	4	1	9
8	4	7	9	3	1	2	6	5

Puzzle 110

9	1	7	4	6	8	5	2	3
8	5	2	3	9	7	4	6	1
4	6	3	2	1	5	7	9	8
7	9	4	8	5	6	3	1	2
5	3	6	9	2	1	8	7	4
1	2	8	7	3	4	6	5	9
3	7	9	6	8	2	1	4	5
6	8	5	1	4	9	2	3	7
2	4	1	5	7	3	9	8	6

Puzzle 111

1	9	2	7	4	8	3	6	5
5	3	4	1	6	2	8	9	7
7	6	8	3	5	9	4	2	1
3	1	6	5	8	7	9	4	2
9	8	5	6	2	4	7	1	3
4	2	7	9	1	3	6	5	8
2	5	3	4	7	6	1	8	9
8	4	9	2	3	1	5	7	6
6	7	1	8	9	5	2	3	4

Puzzle 112

5	3	4	7	6	9	2	8	1
6	7	9	8	2	1	5	4	3
8	1	2	5	3	4	7	9	6
4	9	7	6	8	5	1	3	2
3	6	1	4	7	2	9	5	8
2	5	8	1	9	3	4	6	7
1	2	6	9	5	8	3	7	4
9	8	3	2	4	7	6	1	5
7	4	5	3	1	6	8	2	9

Puzzle 113

3	2	1	8	6	5	4	9	7
7	5	6	2	9	4	1	8	3
4	9	8	1	3	7	5	6	2
9	6	3	5	4	8	2	7	1
5	8	7	9	2	1	6	3	4
1	4	2	6	7	3	9	5	8
2	3	4	7	5	9	8	1	6
8	7	9	4	1	6	3	2	5
6	1	5	3	8	2	7	4	9

Puzzle 114

1	4	7	6	3	8	9	2	5
3	2	9	4	1	5	8	6	7
8	5	6	9	2	7	4	3	1
9	3	2	8	6	1	7	5	4
4	6	8	7	5	2	3	1	9
5	7	1	3	4	9	2	8	6
2	1	4	5	9	3	6	7	8
7	9	5	2	8	6	1	4	3
6	8	3	1	7	4	5	9	2

Puzzle 115

8	2	7	5	3	1	9	6	4
5	4	6	2	9	8	1	7	3
3	1	9	4	7	6	5	8	2
1	8	5	3	6	4	2	9	7
4	7	3	8	2	9	6	1	5
6	9	2	7	1	5	3	4	8
7	5	1	6	8	2	4	3	9
2	6	8	9	4	3	7	5	1
9	3	4	1	5	7	8	2	6

Puzzle 116

6	5	8	3	7	4	2	1	9
2	1	4	6	9	8	3	7	5
9	7	3	2	1	5	6	4	8
7	2	9	1	6	3	5	8	4
5	3	1	4	8	7	9	6	2
8	4	6	9	5	2	7	3	1
4	8	7	5	3	9	1	2	6
3	6	5	8	2	1	4	9	7
1	9	2	7	4	6	8	5	3

Puzzle 117

1	9	6	3	4	2	5	8	7
3	8	2	7	1	5	4	9	6
4	7	5	8	6	9	2	1	3
5	4	3	1	2	6	9	7	8
8	6	1	4	9	7	3	2	5
9	2	7	5	8	3	6	4	1
2	3	8	9	5	1	7	6	4
6	5	4	2	7	8	1	3	9
7	1	9	6	3	4	8	5	2

Puzzle 118

3	5	7	8	6	9	2	1	4
4	6	9	7	2	1	8	3	5
2	1	8	4	3	5	6	7	9
1	7	3	6	5	4	9	8	2
8	4	5	1	9	2	3	6	7
6	9	2	3	8	7	4	5	1
9	2	6	5	1	3	7	4	8
5	3	4	9	7	8	1	2	6
7	8	1	2	4	6	5	9	3

Puzzle 119

8	5	4	7	9	1	6	2	3
6	1	7	5	2	3	9	4	8
3	9	2	8	6	4	5	7	1
5	7	9	1	8	2	4	3	6
4	8	1	6	3	5	2	9	7
2	6	3	4	7	9	1	8	5
7	4	8	2	1	6	3	5	9
9	2	6	3	5	8	7	1	4
1	3	5	9	4	7	8	6	2

Puzzle 120

2	7	4	9	1	5	3	8	6
1	5	8	6	3	4	9	7	2
6	3	9	7	2	8	5	1	4
9	1	7	8	6	2	4	5	3
4	6	5	1	7	3	8	2	9
3	8	2	4	5	9	7	6	1
8	2	1	3	9	7	6	4	5
5	4	3	2	8	6	1	9	7
7	9	6	5	4	1	2	3	8

Puzzle 121

4	5	3	1	2	8	7	9	6
7	8	2	3	9	6	5	1	4
1	9	6	5	4	7	3	2	8
8	7	4	2	6	9	1	5	3
5	2	1	4	8	3	6	7	9
3	6	9	7	5	1	4	8	2
9	1	7	6	3	2	8	4	5
6	4	8	9	7	5	2	3	1
2	3	5	8	1	4	9	6	7

Puzzle 122

5	1	2	4	3	6	9	7	8
3	6	4	8	9	7	5	1	2
8	9	7	1	5	2	6	3	4
9	7	3	6	4	1	2	8	5
4	8	5	2	7	3	1	9	6
1	2	6	5	8	9	7	4	3
7	4	8	9	2	5	3	6	1
2	3	1	7	6	4	8	5	9
6	5	9	3	1	8	4	2	7

Puzzle 123

6	5	7	1	2	3	9	4	8
1	2	8	5	4	9	6	7	3
4	3	9	6	7	8	5	1	2
8	4	3	2	6	1	7	9	5
2	1	5	8	9	7	4	3	6
7	9	6	4	3	5	2	8	1
3	8	2	7	5	4	1	6	9
5	7	1	9	8	6	3	2	4
9	6	4	3	1	2	8	5	7

Puzzle 124

2	4	9	6	1	8	5	7	3
6	7	3	5	2	9	4	1	8
1	8	5	3	7	4	9	2	6
7	1	2	8	6	5	3	9	4
9	5	6	4	3	1	7	8	2
8	3	4	7	9	2	1	6	5
3	9	7	2	4	6	8	5	1
4	6	8	1	5	7	2	3	9
5	2	1	9	8	3	6	4	7

Puzzle 125

9	2	6	1	7	8	4	3	5
1	7	3	5	6	4	2	9	8
4	8	5	3	9	2	6	1	7
5	1	7	2	8	6	9	4	3
3	6	2	4	5	9	7	8	1
8	4	9	7	1	3	5	2	6
6	5	8	9	4	1	3	7	2
2	9	1	6	3	7	8	5	4
7	3	4	8	2	5	1	6	9

Puzzle 126

3	7	8	9	6	4	5	1	2
9	4	6	5	2	1	8	7	3
2	5	1	8	7	3	9	6	4
8	1	7	4	5	6	2	3	9
4	3	9	2	1	8	7	5	6
6	2	5	7	3	9	4	8	1
1	9	2	3	8	7	6	4	5
5	8	3	6	4	2	1	9	7
7	6	4	1	9	5	3	2	8

Puzzle 127

3	9	5	8	4	2	7	1	6
6	8	1	7	3	5	9	2	4
7	2	4	9	6	1	3	5	8
1	5	7	4	2	8	6	3	9
2	3	9	1	7	6	8	4	5
8	4	6	5	9	3	1	7	2
9	1	2	6	5	7	4	8	3
4	7	3	2	8	9	5	6	1
5	6	8	3	1	4	2	9	7

Puzzle 128

5	4	2	9	3	8	6	7	1
9	8	1	5	7	6	3	4	2
6	7	3	4	1	2	5	9	8
7	6	8	2	5	4	9	1	3
1	3	4	7	6	9	2	8	5
2	5	9	3	8	1	7	6	4
3	2	6	8	4	7	1	5	9
8	9	7	1	2	5	4	3	6
4	1	5	6	9	3	8	2	7

Puzzle 129

1	9	5	3	2	8	6	7	4
3	7	4	5	9	6	1	8	2
8	6	2	1	7	4	3	5	9
6	3	7	4	8	5	9	2	1
5	2	9	7	6	1	4	3	8
4	1	8	9	3	2	5	6	7
9	4	6	8	5	7	2	1	3
7	5	1	2	4	3	8	9	6
2	8	3	6	1	9	7	4	5

Puzzle 130

9	8	2	7	4	3	5	6	1
7	3	4	6	1	5	9	2	8
5	1	6	2	9	8	4	3	7
8	2	3	1	6	9	7	5	4
6	7	9	4	5	2	8	1	3
4	5	1	8	3	7	6	9	2
2	9	8	5	7	1	3	4	6
3	6	7	9	2	4	1	8	5
1	4	5	3	8	6	2	7	9

Puzzle 131

9	3	1	8	7	5	2	4	6
4	7	6	3	1	2	9	8	5
2	5	8	6	9	4	3	1	7
5	8	3	7	6	1	4	9	2
1	2	4	5	3	9	6	7	8
6	9	7	2	4	8	1	5	3
7	6	9	1	5	3	8	2	4
3	4	2	9	8	7	5	6	1
8	1	5	4	2	6	7	3	9

Puzzle 132

4	1	2	6	8	9	3	7	5
9	7	5	4	3	1	8	2	6
6	3	8	2	7	5	9	1	4
2	5	1	7	6	3	4	8	9
7	9	4	5	1	8	2	6	3
3	8	6	9	2	4	7	5	1
1	6	3	8	9	7	5	4	2
5	2	7	3	4	6	1	9	8
8	4	9	1	5	2	6	3	7

Puzzle 133

9	5	6	4	8	2	7	3	1
2	8	1	6	7	3	4	9	5
3	7	4	5	9	1	8	2	6
8	9	2	1	5	4	3	6	7
6	1	5	8	3	7	2	4	9
4	3	7	9	2	6	1	5	8
1	4	3	7	6	5	9	8	2
7	6	8	2	4	9	5	1	3
5	2	9	3	1	8	6	7	4

Puzzle 134

4	9	7	6	1	3	8	2	5
1	6	3	8	5	2	9	7	4
5	8	2	9	7	4	1	6	3
3	7	8	1	2	9	5	4	6
2	5	1	7	4	6	3	8	9
6	4	9	5	3	8	2	1	7
8	3	4	2	9	7	6	5	1
7	1	6	3	8	5	4	9	2
9	2	5	4	6	1	7	3	8

Puzzle 135

7	5	1	4	6	9	2	3	8
6	4	3	1	2	8	7	5	9
9	8	2	7	3	5	4	1	6
3	1	8	2	7	6	5	9	4
5	9	6	8	4	1	3	7	2
4	2	7	5	9	3	8	6	1
8	6	5	3	1	4	9	2	7
2	3	9	6	8	7	1	4	5
1	7	4	9	5	2	6	8	3

Puzzle 136

9	2	4	3	1	5	7	6	8
7	5	6	8	9	2	3	1	4
1	8	3	7	4	6	2	9	5
6	3	9	4	8	1	5	7	2
5	7	8	2	3	9	1	4	6
4	1	2	6	5	7	8	3	9
3	4	7	5	6	8	9	2	1
8	6	1	9	2	3	4	5	7
2	9	5	1	7	4	6	8	3

Puzzle 137

4	7	5	6	8	9	3	1	2
1	6	9	4	2	3	8	5	7
8	2	3	7	1	5	4	9	6
3	5	6	2	4	8	1	7	9
9	1	8	5	3	7	2	6	4
2	4	7	1	9	6	5	8	3
7	9	4	8	5	2	6	3	1
6	8	2	3	7	1	9	4	5
5	3	1	9	6	4	7	2	8

Puzzle 138

2	6	8	9	5	1	7	4	3
3	4	9	2	6	7	5	8	1
5	1	7	8	4	3	9	6	2
7	9	6	5	1	4	2	3	8
1	5	3	6	2	8	4	9	7
8	2	4	3	7	9	6	1	5
9	3	2	4	8	5	1	7	6
6	8	1	7	9	2	3	5	4
4	7	5	1	3	6	8	2	9

Puzzle 139

4	1	3	8	5	2	9	7	6
6	2	8	3	7	9	1	4	5
5	9	7	1	4	6	3	8	2
9	6	4	5	2	3	8	1	7
3	7	2	9	1	8	5	6	4
8	5	1	4	6	7	2	9	3
1	3	5	7	8	4	6	2	9
2	4	9	6	3	1	7	5	8
7	8	6	2	9	5	4	3	1

Puzzle 140

8	5	9	4	2	6	3	1	7
6	2	1	9	7	3	8	5	4
7	4	3	1	8	5	9	2	6
5	9	8	2	3	7	4	6	1
3	7	2	6	4	1	5	8	9
1	6	4	8	5	9	2	7	3
2	3	7	5	6	4	1	9	8
4	1	5	7	9	8	6	3	2
9	8	6	3	1	2	7	4	5

Puzzle 141

6	1	5	4	8	2	7	9	3
4	2	9	1	3	7	6	8	5
3	8	7	9	6	5	4	1	2
1	3	4	7	2	9	5	6	8
2	9	6	3	5	8	1	7	4
5	7	8	6	1	4	2	3	9
7	5	2	8	9	1	3	4	6
9	4	3	2	7	6	8	5	1
8	6	1	5	4	3	9	2	7

Puzzle 142

2	8	9	7	6	5	1	4	3
1	4	5	8	9	3	2	7	6
3	7	6	1	4	2	5	9	8
6	2	4	9	8	7	3	5	1
5	1	3	6	2	4	9	8	7
7	9	8	5	3	1	4	6	2
8	6	2	3	5	9	7	1	4
9	3	7	4	1	8	6	2	5
4	5	1	2	7	6	8	3	9

Puzzle 143

4	8	2	7	9	3	6	1	5
5	6	1	4	2	8	3	9	7
7	9	3	6	1	5	2	4	8
3	4	6	8	5	2	9	7	1
8	1	7	3	4	9	5	2	6
2	5	9	1	7	6	4	8	3
1	2	5	9	6	7	8	3	4
9	3	4	5	8	1	7	6	2
6	7	8	2	3	4	1	5	9

Puzzle 144

1	8	4	7	5	6	3	9	2
3	9	6	1	8	2	4	7	5
2	5	7	4	3	9	8	1	6
9	2	8	6	7	4	5	3	1
5	6	3	8	9	1	2	4	7
7	4	1	5	2	3	9	6	8
8	7	9	3	1	5	6	2	4
4	3	5	2	6	7	1	8	9
6	1	2	9	4	8	7	5	3

Puzzle 145

5	7	9	1	8	4	3	2	6
6	1	4	9	3	2	5	8	7
2	8	3	7	5	6	9	4	1
4	5	2	6	9	1	8	7	3
9	3	8	4	7	5	6	1	2
1	6	7	3	2	8	4	9	5
3	2	5	8	4	7	1	6	9
7	4	6	5	1	9	2	3	8
8	9	1	2	6	3	7	5	4

Puzzle 146

4	8	5	2	3	9	7	6	1
9	3	6	7	4	1	5	2	8
1	2	7	6	5	8	3	9	4
8	9	2	3	7	5	4	1	6
3	6	4	8	1	2	9	7	5
7	5	1	4	9	6	8	3	2
6	7	8	5	2	3	1	4	9
5	4	9	1	6	7	2	8	3
2	1	3	9	8	4	6	5	7

Puzzle 147

8	7	6	1	4	2	3	9	5
2	3	4	6	5	9	1	7	8
9	1	5	7	3	8	4	6	2
6	9	8	3	1	4	2	5	7
3	4	7	2	6	5	8	1	9
1	5	2	9	8	7	6	4	3
5	2	1	4	9	3	7	8	6
4	8	3	5	7	6	9	2	1
7	6	9	8	2	1	5	3	4

Puzzle 148

8	4	2	1	9	5	7	3	6
5	6	1	4	7	3	2	9	8
7	9	3	8	6	2	1	5	4
2	1	6	9	8	7	5	4	3
3	8	9	2	5	4	6	7	1
4	5	7	6	3	1	9	8	2
1	3	5	7	2	8	4	6	9
6	7	4	3	1	9	8	2	5
9	2	8	5	4	6	3	1	7

Puzzle 149

5	9	2	7	6	1	4	8	3
3	1	8	9	2	4	6	5	7
7	4	6	3	5	8	1	9	2
9	2	5	4	3	6	7	1	8
8	3	4	2	1	7	5	6	9
6	7	1	8	9	5	3	2	4
4	6	3	1	8	9	2	7	5
2	5	9	6	7	3	8	4	1
1	8	7	5	4	2	9	3	6

Puzzle 150

3	9	6	8	4	1	7	5	2
7	8	5	9	6	2	1	4	3
4	1	2	7	5	3	9	6	8
1	5	9	2	7	8	4	3	6
2	4	7	6	3	5	8	1	9
6	3	8	1	9	4	2	7	5
8	2	3	5	1	7	6	9	4
9	7	4	3	8	6	5	2	1
5	6	1	4	2	9	3	8	7

Puzzle 151

8	6	9	4	2	1	3	7	5
1	7	3	5	9	6	2	4	8
4	5	2	3	7	8	6	1	9
3	8	4	6	5	7	1	9	2
5	2	6	9	1	3	7	8	4
9	1	7	8	4	2	5	3	6
7	9	5	1	6	4	8	2	3
6	3	1	2	8	9	4	5	7
2	4	8	7	3	5	9	6	1

Puzzle 152

7	5	1	4	8	2	9	3	6
9	6	2	1	5	3	4	7	8
4	8	3	9	7	6	1	2	5
2	1	4	5	6	8	7	9	3
5	3	6	7	2	9	8	1	4
8	7	9	3	4	1	6	5	2
1	4	5	6	3	7	2	8	9
6	9	8	2	1	5	3	4	7
3	2	7	8	9	4	5	6	1

Puzzle 153

7	2	5	8	4	1	3	6	9
3	8	6	5	9	7	2	1	4
4	9	1	6	3	2	8	5	7
6	4	7	2	1	9	5	8	3
1	3	8	7	6	5	9	4	2
9	5	2	3	8	4	1	7	6
2	7	4	1	5	3	6	9	8
5	6	9	4	2	8	7	3	1
8	1	3	9	7	6	4	2	5

Puzzle 154

3	1	5	6	2	8	7	9	4
8	7	2	5	9	4	6	3	1
4	9	6	3	1	7	8	5	2
9	8	7	1	5	3	2	4	6
1	5	3	2	4	6	9	8	7
2	6	4	7	8	9	3	1	5
7	3	1	8	6	5	4	2	9
6	2	9	4	3	1	5	7	8
5	4	8	9	7	2	1	6	3

Puzzle 155

9	4	5	6	2	7	1	3	8
8	2	3	5	9	1	6	7	4
1	7	6	4	8	3	2	5	9
5	8	7	9	4	6	3	1	2
3	6	9	7	1	2	8	4	5
4	1	2	3	5	8	9	6	7
6	5	8	1	7	9	4	2	3
2	3	4	8	6	5	7	9	1
7	9	1	2	3	4	5	8	6

Puzzle 156

3	9	2	5	7	6	1	8	4
6	7	1	9	4	8	5	2	3
5	8	4	3	1	2	7	6	9
2	5	7	1	8	4	3	9	6
9	3	6	2	5	7	8	4	1
4	1	8	6	9	3	2	7	5
8	2	3	4	6	1	9	5	7
1	6	5	7	2	9	4	3	8
7	4	9	8	3	5	6	1	2

Puzzle 157

7	5	1	2	8	6	4	9	3
9	2	6	7	4	3	8	1	5
3	4	8	9	5	1	7	2	6
1	9	5	6	3	8	2	4	7
6	3	2	1	7	4	5	8	9
8	7	4	5	2	9	3	6	1
2	1	7	4	9	5	6	3	8
4	6	3	8	1	7	9	5	2
5	8	9	3	6	2	1	7	4

Puzzle 158

4	3	5	7	6	1	2	8	9
9	8	2	5	3	4	7	1	6
7	6	1	2	8	9	5	3	4
3	9	4	8	7	2	6	5	1
5	7	6	9	1	3	8	4	2
2	1	8	6	4	5	3	9	7
6	5	3	4	9	7	1	2	8
1	4	7	3	2	8	9	6	5
8	2	9	1	5	6	4	7	3

Puzzle 159

4	3	9	2	7	6	1	5	8
7	1	5	9	8	3	6	4	2
6	2	8	1	4	5	7	9	3
9	7	1	4	6	2	3	8	5
2	8	6	5	3	9	4	7	1
5	4	3	8	1	7	2	6	9
8	5	4	6	2	1	9	3	7
1	6	7	3	9	8	5	2	4
3	9	2	7	5	4	8	1	6

Puzzle 160

8	6	1	4	2	3	5	9	7
7	9	5	6	1	8	2	3	4
4	2	3	5	7	9	6	1	8
3	5	4	1	6	2	7	8	9
1	8	2	9	5	7	4	6	3
9	7	6	8	3	4	1	5	2
6	3	7	2	9	1	8	4	5
5	4	9	7	8	6	3	2	1
2	1	8	3	4	5	9	7	6

Puzzle 161

7	6	5	9	3	1	4	2	8
9	1	8	6	2	4	3	5	7
4	3	2	8	5	7	6	9	1
5	7	1	3	8	6	2	4	9
6	9	3	1	4	2	7	8	5
2	8	4	7	9	5	1	3	6
1	2	9	5	7	3	8	6	4
3	5	6	4	1	8	9	7	2
8	4	7	2	6	9	5	1	3

Puzzle 162

6	7	4	3	2	5	9	1	8
1	5	8	4	6	9	7	3	2
3	9	2	8	7	1	6	5	4
9	3	5	7	1	8	4	2	6
4	6	1	9	5	2	3	8	7
8	2	7	6	3	4	5	9	1
5	4	3	2	8	6	1	7	9
2	1	6	5	9	7	8	4	3
7	8	9	1	4	3	2	6	5

Puzzle 163

7	9	2	3	8	5	4	6	1
4	6	3	9	7	1	8	5	2
8	1	5	6	2	4	7	9	3
6	7	8	4	9	2	3	1	5
3	5	9	8	1	6	2	4	7
2	4	1	7	5	3	9	8	6
5	8	6	2	3	9	1	7	4
1	3	7	5	4	8	6	2	9
9	2	4	1	6	7	5	3	8

Puzzle 164

6	9	1	5	8	4	2	3	7
7	3	2	6	1	9	5	8	4
8	4	5	3	2	7	1	9	6
3	8	9	1	7	6	4	5	2
1	2	4	8	9	5	7	6	3
5	6	7	4	3	2	8	1	9
9	7	6	2	5	1	3	4	8
4	1	8	7	6	3	9	2	5
2	5	3	9	4	8	6	7	1

Puzzle 165

4	1	9	2	8	3	6	7	5
6	2	7	5	4	9	1	8	3
5	8	3	1	7	6	2	4	9
3	6	2	4	9	7	5	1	8
1	7	8	6	5	2	9	3	4
9	4	5	3	1	8	7	6	2
7	9	4	8	6	5	3	2	1
2	5	1	7	3	4	8	9	6
8	3	6	9	2	1	4	5	7

Puzzle 166

8	7	5	6	4	9	2	1	3
6	3	2	5	1	7	4	8	9
9	1	4	8	2	3	6	5	7
3	5	1	7	6	2	9	4	8
4	9	6	1	8	5	7	3	2
7	2	8	9	3	4	1	6	5
2	6	7	4	5	8	3	9	1
5	4	3	2	9	1	8	7	6
1	8	9	3	7	6	5	2	4

Puzzle 167

9	1	5	6	3	2	8	7	4
3	7	2	8	4	9	5	6	1
6	4	8	5	7	1	3	2	9
7	5	9	2	6	8	4	1	3
2	8	4	7	1	3	6	9	5
1	3	6	4	9	5	7	8	2
4	2	3	1	8	7	9	5	6
8	9	1	3	5	6	2	4	7
5	6	7	9	2	4	1	3	8

Puzzle 168

3	1	6	4	7	8	2	9	5
5	8	4	6	9	2	1	7	3
2	7	9	3	5	1	6	4	8
4	3	5	7	1	6	9	8	2
9	6	8	2	3	5	4	1	7
1	2	7	9	8	4	5	3	6
6	4	1	8	2	3	7	5	9
8	9	2	5	4	7	3	6	1
7	5	3	1	6	9	8	2	4

Puzzle 169

5	1	6	3	4	2	9	8	7
9	7	8	1	5	6	4	2	3
3	2	4	9	7	8	5	6	1
6	5	2	7	9	4	3	1	8
1	9	7	8	6	3	2	4	5
8	4	3	5	2	1	7	9	6
4	6	1	2	3	5	8	7	9
7	8	5	4	1	9	6	3	2
2	3	9	6	8	7	1	5	4

Puzzle 170

5	6	4	7	8	9	2	3	1
3	7	2	5	6	1	9	8	4
1	9	8	3	2	4	5	6	7
2	1	9	8	7	5	3	4	6
7	8	3	6	4	2	1	5	9
4	5	6	1	9	3	8	7	2
8	3	7	2	1	6	4	9	5
9	2	5	4	3	7	6	1	8
6	4	1	9	5	8	7	2	3

Puzzle 171

9	7	3	6	1	2	4	5	8
2	8	1	5	4	7	6	9	3
6	4	5	3	8	9	7	2	1
3	6	4	7	9	8	2	1	5
8	5	9	1	2	6	3	4	7
1	2	7	4	3	5	9	8	6
5	9	6	8	7	4	1	3	2
7	1	2	9	5	3	8	6	4
4	3	8	2	6	1	5	7	9

Puzzle 172

8	7	9	4	2	6	5	1	3
5	4	6	8	1	3	7	2	9
3	1	2	9	5	7	4	8	6
1	5	3	6	8	9	2	4	7
4	2	8	3	7	5	9	6	1
9	6	7	2	4	1	8	3	5
6	3	4	5	9	8	1	7	2
7	8	5	1	3	2	6	9	4
2	9	1	7	6	4	3	5	8

Puzzle 173

9	3	5	6	4	1	7	2	8
6	1	2	7	3	8	5	9	4
8	7	4	2	5	9	1	3	6
5	8	7	3	1	4	2	6	9
2	9	3	8	6	5	4	7	1
1	4	6	9	7	2	8	5	3
7	2	1	4	9	6	3	8	5
3	5	9	1	8	7	6	4	2
4	6	8	5	2	3	9	1	7

Puzzle 174

1	5	9	8	6	7	3	4	2
2	3	6	9	5	4	1	8	7
4	8	7	1	2	3	9	6	5
7	6	1	2	9	5	4	3	8
8	4	2	6	3	1	5	7	9
3	9	5	4	7	8	6	2	1
6	1	8	5	4	2	7	9	3
5	7	4	3	8	9	2	1	6
9	2	3	7	1	6	8	5	4

Puzzle 175

9	5	4	1	2	8	3	6	7
7	2	3	6	9	5	8	4	1
1	8	6	7	3	4	5	2	9
3	9	7	2	1	6	4	5	8
4	6	8	3	5	9	7	1	2
5	1	2	8	4	7	9	3	6
2	4	1	9	8	3	6	7	5
6	3	9	5	7	1	2	8	4
8	7	5	4	6	2	1	9	3

Puzzle 176

5	6	4	1	7	9	3	8	2
7	8	2	3	5	4	9	1	6
3	1	9	6	8	2	4	5	7
8	5	1	4	3	7	6	2	9
4	2	3	9	6	8	1	7	5
9	7	6	5	2	1	8	3	4
2	9	8	7	1	6	5	4	3
6	3	7	8	4	5	2	9	1
1	4	5	2	9	3	7	6	8

Puzzle 177

2	5	8	9	3	4	1	7	6
1	4	9	5	7	6	3	2	8
3	6	7	1	2	8	4	9	5
4	7	5	8	6	9	2	3	1
8	9	3	4	1	2	5	6	7
6	1	2	3	5	7	9	8	4
9	2	4	6	8	1	7	5	3
7	3	6	2	4	5	8	1	9
5	8	1	7	9	3	6	4	2

Puzzle 178

1	5	7	8	3	2	6	9	4
3	4	2	5	6	9	7	1	8
6	8	9	7	4	1	2	3	5
8	6	1	3	9	7	4	5	2
2	3	5	4	8	6	1	7	9
9	7	4	2	1	5	8	6	3
4	2	6	1	5	3	9	8	7
7	1	3	9	2	8	5	4	6
5	9	8	6	7	4	3	2	1

Puzzle 179

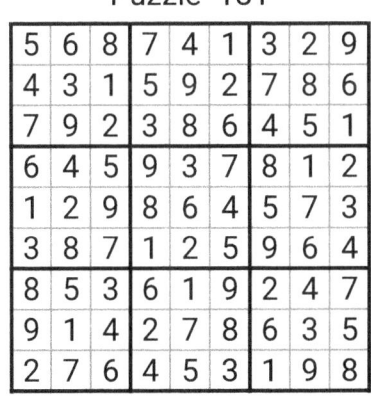

6	7	2	9	8	1	3	5	4
9	5	8	7	4	3	1	2	6
1	4	3	6	2	5	8	9	7
5	6	1	2	3	7	4	8	9
3	8	7	1	9	4	2	6	5
2	9	4	8	5	6	7	3	1
8	1	9	4	6	2	5	7	3
7	3	6	5	1	8	9	4	2
4	2	5	3	7	9	6	1	8

Puzzle 180

2	6	5	4	7	8	9	3	1
4	9	8	5	1	3	6	2	7
1	7	3	2	9	6	4	8	5
6	8	9	3	4	1	5	7	2
5	2	4	6	8	7	1	9	3
7	3	1	9	5	2	8	4	6
3	4	6	1	2	9	7	5	8
9	1	7	8	3	5	2	6	4
8	5	2	7	6	4	3	1	9

Puzzle 181

5	6	8	7	4	1	3	2	9
4	3	1	5	9	2	7	8	6
7	9	2	3	8	6	4	5	1
6	4	5	9	3	7	8	1	2
1	2	9	8	6	4	5	7	3
3	8	7	1	2	5	9	6	4
8	5	3	6	1	9	2	4	7
9	1	4	2	7	8	6	3	5
2	7	6	4	5	3	1	9	8

Puzzle 182

9	7	4	6	3	5	8	2	1
8	5	6	9	1	2	4	7	3
3	1	2	4	8	7	9	6	5
7	2	8	1	6	3	5	4	9
1	9	3	2	5	4	7	8	6
6	4	5	7	9	8	1	3	2
2	6	1	8	7	9	3	5	4
4	3	7	5	2	1	6	9	8
5	8	9	3	4	6	2	1	7

Puzzle 183

9	7	4	6	8	2	3	1	5
2	1	5	3	4	9	8	6	7
8	6	3	5	1	7	9	4	2
1	3	6	7	5	8	2	9	4
5	2	7	1	9	4	6	3	8
4	9	8	2	6	3	7	5	1
7	8	1	4	3	6	5	2	9
6	5	9	8	2	1	4	7	3
3	4	2	9	7	5	1	8	6

Puzzle 184

4	9	2	3	5	8	1	6	7
5	7	8	2	6	1	9	3	4
1	3	6	7	4	9	2	8	5
8	1	3	4	2	7	5	9	6
9	6	5	8	1	3	4	7	2
2	4	7	5	9	6	8	1	3
6	2	9	1	7	4	3	5	8
7	8	4	9	3	5	6	2	1
3	5	1	6	8	2	7	4	9

Puzzle 185

8	5	1	3	6	7	4	2	9
7	2	4	9	8	5	3	1	6
6	9	3	2	4	1	7	5	8
4	3	6	7	1	9	2	8	5
2	8	5	4	3	6	9	7	1
1	7	9	8	5	2	6	4	3
3	6	7	5	2	8	1	9	4
5	1	2	6	9	4	8	3	7
9	4	8	1	7	3	5	6	2

Puzzle 186

8	5	9	7	6	3	2	1	4
7	3	2	4	8	1	5	9	6
4	6	1	2	5	9	7	3	8
5	7	3	9	1	6	8	4	2
1	8	4	5	2	7	9	6	3
2	9	6	8	3	4	1	5	7
6	2	7	3	9	5	4	8	1
3	4	5	1	7	8	6	2	9
9	1	8	6	4	2	3	7	5

Puzzle 187

9	5	8	4	1	6	2	7	3
1	2	7	3	5	9	6	8	4
6	4	3	8	2	7	9	1	5
2	7	9	1	4	8	5	3	6
8	3	4	6	7	5	1	9	2
5	6	1	9	3	2	7	4	8
7	8	6	2	9	3	4	5	1
4	9	2	5	8	1	3	6	7
3	1	5	7	6	4	8	2	9

Puzzle 188

6	2	4	3	7	1	8	5	9
7	9	1	5	6	8	2	3	4
5	3	8	2	9	4	6	7	1
2	8	7	6	4	9	3	1	5
3	5	6	7	1	2	4	9	8
4	1	9	8	3	5	7	6	2
8	4	3	9	5	7	1	2	6
9	6	2	1	8	3	5	4	7
1	7	5	4	2	6	9	8	3

Puzzle 189

5	6	9	4	3	8	1	2	7
8	1	7	5	6	2	9	3	4
4	2	3	1	7	9	5	8	6
6	4	8	3	2	1	7	5	9
7	9	2	6	5	4	8	1	3
1	3	5	9	8	7	4	6	2
9	8	1	2	4	3	6	7	5
2	5	4	7	1	6	3	9	8
3	7	6	8	9	5	2	4	1

Puzzle 190

9	1	5	6	8	4	3	7	2
8	4	7	9	3	2	6	5	1
6	2	3	5	1	7	9	8	4
7	6	1	4	2	9	5	3	8
5	3	8	7	6	1	4	2	9
2	9	4	8	5	3	1	6	7
4	5	6	1	7	8	2	9	3
3	8	9	2	4	6	7	1	5
1	7	2	3	9	5	8	4	6

Puzzle 191

3	4	1	2	9	6	7	8	5
5	9	8	3	1	7	2	4	6
2	7	6	8	5	4	1	9	3
7	6	2	5	4	8	3	1	9
9	3	5	1	7	2	4	6	8
8	1	4	6	3	9	5	2	7
1	5	9	4	6	3	8	7	2
4	2	7	9	8	5	6	3	1
6	8	3	7	2	1	9	5	4

Puzzle 192

1	6	4	5	8	3	9	2	7
7	5	2	9	1	4	8	6	3
8	9	3	7	2	6	5	1	4
2	1	8	6	9	7	3	4	5
9	4	6	2	3	5	7	8	1
5	3	7	8	4	1	6	9	2
3	7	1	4	6	8	2	5	9
4	8	9	3	5	2	1	7	6
6	2	5	1	7	9	4	3	8

Puzzle 193

2	3	4	7	8	9	5	6	1
1	7	6	2	3	5	9	4	8
8	5	9	1	4	6	3	2	7
3	4	8	6	2	1	7	9	5
5	1	7	8	9	4	2	3	6
9	6	2	5	7	3	8	1	4
7	9	1	3	6	8	4	5	2
4	2	5	9	1	7	6	8	3
6	8	3	4	5	2	1	7	9

Puzzle 194

3	5	4	6	7	8	2	9	1
7	1	9	3	2	4	8	5	6
8	2	6	5	9	1	7	4	3
9	3	7	8	4	5	6	1	2
6	8	1	2	3	9	4	7	5
2	4	5	1	6	7	9	3	8
1	7	3	9	8	2	5	6	4
5	9	2	4	1	6	3	8	7
4	6	8	7	5	3	1	2	9

Puzzle 195

9	3	5	2	6	7	4	1	8
7	4	1	5	3	8	2	9	6
8	6	2	4	1	9	7	3	5
5	7	9	8	4	2	3	6	1
3	2	6	9	5	1	8	7	4
4	1	8	6	7	3	5	2	9
1	5	4	3	2	6	9	8	7
2	9	7	1	8	5	6	4	3
6	8	3	7	9	4	1	5	2

Puzzle 196

9	7	6	4	2	5	3	1	8
3	1	4	8	6	7	9	5	2
5	2	8	3	1	9	6	4	7
2	5	7	1	4	6	8	9	3
4	6	9	7	3	8	1	2	5
8	3	1	5	9	2	7	6	4
6	8	2	9	7	4	5	3	1
1	4	5	6	8	3	2	7	9
7	9	3	2	5	1	4	8	6

Puzzle 197

5	6	2	1	9	3	8	4	7
4	1	3	5	7	8	9	6	2
7	8	9	2	4	6	5	1	3
9	3	8	7	1	2	6	5	4
6	5	7	9	8	4	2	3	1
1	2	4	3	6	5	7	9	8
8	9	6	4	3	7	1	2	5
2	4	1	8	5	9	3	7	6
3	7	5	6	2	1	4	8	9

Puzzle 198

6	5	2	7	3	1	9	8	4
1	9	8	5	6	4	3	7	2
3	4	7	2	9	8	5	1	6
7	3	4	6	2	9	1	5	8
2	6	9	8	1	5	4	3	7
5	8	1	4	7	3	6	2	9
9	1	6	3	8	7	2	4	5
4	7	3	9	5	2	8	6	1
8	2	5	1	4	6	7	9	3

Puzzle 199

2	8	3	1	5	9	6	7	4
5	1	6	7	4	2	9	3	8
4	7	9	8	3	6	1	5	2
9	6	5	2	1	7	8	4	3
8	3	4	6	9	5	2	1	7
1	2	7	3	8	4	5	6	9
6	4	2	9	7	1	3	8	5
3	5	1	4	2	8	7	9	6
7	9	8	5	6	3	4	2	1

Puzzle 200

2	6	9	5	4	7	8	3	1
1	7	8	2	3	6	4	9	5
4	5	3	8	1	9	6	2	7
5	1	7	4	9	2	3	8	6
3	9	6	1	8	5	2	7	4
8	4	2	7	6	3	5	1	9
6	3	4	9	7	8	1	5	2
9	2	1	3	5	4	7	6	8
7	8	5	6	2	1	9	4	3

Puzzle 201

8	7	4	6	2	1	3	5	9
9	2	1	3	7	5	6	4	8
3	6	5	8	9	4	2	7	1
1	9	6	2	4	7	5	8	3
2	4	7	5	8	3	9	1	6
5	3	8	9	1	6	4	2	7
7	5	9	4	3	8	1	6	2
4	8	2	1	6	9	7	3	5
6	1	3	7	5	2	8	9	4

Puzzle 202

7	5	8	9	4	3	6	2	1
3	6	4	8	2	1	9	7	5
1	2	9	6	5	7	3	4	8
8	1	3	4	9	6	7	5	2
2	4	6	7	3	5	8	1	9
5	9	7	2	1	8	4	6	3
4	7	2	5	8	9	1	3	6
9	3	5	1	6	4	2	8	7
6	8	1	3	7	2	5	9	4

Puzzle 203

2	1	3	9	4	7	8	6	5
7	9	4	5	8	6	3	1	2
6	8	5	2	3	1	4	7	9
9	5	8	7	6	4	2	3	1
3	4	2	8	1	5	7	9	6
1	6	7	3	2	9	5	8	4
5	3	6	4	9	8	1	2	7
4	2	9	1	7	3	6	5	8
8	7	1	6	5	2	9	4	3

Puzzle 204

5	7	6	9	4	2	3	1	8
8	4	1	5	7	3	2	6	9
3	2	9	6	1	8	4	5	7
7	1	5	3	2	4	8	9	6
2	3	8	7	9	6	5	4	1
6	9	4	1	8	5	7	3	2
4	8	3	2	6	9	1	7	5
9	5	7	8	3	1	6	2	4
1	6	2	4	5	7	9	8	3

Puzzle 205

6	5	4	1	8	3	7	2	9
9	7	3	5	2	4	8	6	1
1	8	2	9	7	6	5	4	3
2	1	7	8	3	9	4	5	6
8	9	5	6	4	2	1	3	7
3	4	6	7	5	1	2	9	8
4	6	1	2	9	7	3	8	5
5	3	9	4	1	8	6	7	2
7	2	8	3	6	5	9	1	4

Puzzle 206

6	3	5	9	7	4	2	8	1
1	4	8	5	3	2	7	6	9
2	9	7	8	6	1	4	5	3
9	1	4	6	8	3	5	2	7
7	6	3	4	2	5	1	9	8
8	5	2	1	9	7	3	4	6
5	8	1	3	4	6	9	7	2
4	7	9	2	1	8	6	3	5
3	2	6	7	5	9	8	1	4

Puzzle 207

7	9	1	4	5	8	3	2	6
3	4	6	7	9	2	8	5	1
2	5	8	6	3	1	7	4	9
4	8	3	1	2	9	6	7	5
5	1	2	8	7	6	4	9	3
9	6	7	3	4	5	1	8	2
6	2	4	9	1	7	5	3	8
1	3	9	5	8	4	2	6	7
8	7	5	2	6	3	9	1	4

Puzzle 208

8	5	2	9	4	3	6	7	1
6	9	7	8	5	1	4	2	3
1	3	4	2	7	6	8	9	5
9	6	8	1	3	4	2	5	7
4	7	5	6	9	2	1	3	8
2	1	3	5	8	7	9	6	4
7	2	6	3	1	8	5	4	9
3	8	9	4	6	5	7	1	2
5	4	1	7	2	9	3	8	6

Puzzle 209

7	9	1	6	2	4	3	5	8
2	4	5	1	8	3	6	7	9
6	8	3	7	5	9	2	4	1
8	7	6	9	1	2	5	3	4
5	1	9	3	4	7	8	6	2
4	3	2	5	6	8	1	9	7
3	6	8	4	7	1	9	2	5
9	2	7	8	3	5	4	1	6
1	5	4	2	9	6	7	8	3

Puzzle 210

1	3	5	4	6	9	2	7	8
6	8	2	3	5	7	9	1	4
9	4	7	1	8	2	3	6	5
8	7	9	5	1	3	4	2	6
4	1	3	7	2	6	8	5	9
2	5	6	8	9	4	1	3	7
3	2	4	6	7	8	5	9	1
5	6	8	9	3	1	7	4	2
7	9	1	2	4	5	6	8	3

Puzzle 211

3	1	9	4	5	7	8	2	6
5	8	4	6	2	3	1	7	9
7	6	2	1	8	9	3	5	4
8	5	3	7	6	2	4	9	1
2	4	7	9	1	8	5	6	3
6	9	1	5	3	4	2	8	7
9	7	8	2	4	1	6	3	5
4	2	6	3	7	5	9	1	8
1	3	5	8	9	6	7	4	2

Puzzle 212

5	8	9	6	1	4	7	2	3
6	4	1	2	3	7	9	8	5
3	7	2	8	9	5	4	6	1
9	6	4	1	2	3	5	7	8
1	5	3	7	8	6	2	4	9
8	2	7	4	5	9	3	1	6
2	3	6	5	4	8	1	9	7
4	9	8	3	7	1	6	5	2
7	1	5	9	6	2	8	3	4

Puzzle 213

7	5	2	6	3	8	4	9	1
3	1	9	7	5	4	8	2	6
8	4	6	2	1	9	5	7	3
9	3	5	4	2	1	7	6	8
6	8	7	3	9	5	2	1	4
4	2	1	8	6	7	3	5	9
1	7	8	9	4	2	6	3	5
5	6	4	1	7	3	9	8	2
2	9	3	5	8	6	1	4	7

Puzzle 214

7	5	6	8	2	9	3	4	1
2	9	3	4	6	1	5	7	8
1	4	8	5	3	7	6	9	2
4	1	5	3	8	6	7	2	9
8	7	9	1	5	2	4	6	3
6	3	2	7	9	4	1	8	5
9	6	1	2	4	3	8	5	7
5	2	7	6	1	8	9	3	4
3	8	4	9	7	5	2	1	6

Puzzle 215

6	7	8	1	2	4	5	9	3
3	9	5	8	6	7	2	4	1
1	2	4	3	5	9	7	8	6
7	4	9	5	3	1	8	6	2
8	5	1	2	9	6	3	7	4
2	6	3	7	4	8	9	1	5
9	3	6	4	7	2	1	5	8
4	1	2	9	8	5	6	3	7
5	8	7	6	1	3	4	2	9

Puzzle 216

1	3	5	6	4	9	2	7	8
2	6	7	1	3	8	9	4	5
9	8	4	5	2	7	6	1	3
8	7	2	4	1	5	3	9	6
4	9	1	3	8	6	5	2	7
3	5	6	7	9	2	4	8	1
5	1	8	2	6	4	7	3	9
6	4	3	9	7	1	8	5	2
7	2	9	8	5	3	1	6	4

Puzzle 217

3	9	1	6	5	2	4	8	7
6	8	2	7	9	4	1	3	5
4	5	7	3	8	1	9	6	2
5	2	6	9	4	7	8	1	3
1	4	9	8	3	5	7	2	6
7	3	8	1	2	6	5	9	4
2	6	5	4	1	9	3	7	8
8	1	4	2	7	3	6	5	9
9	7	3	5	6	8	2	4	1

Puzzle 218

7	8	1	5	9	3	6	4	2
6	4	2	1	7	8	3	5	9
9	3	5	4	6	2	7	1	8
2	6	7	8	3	1	5	9	4
3	1	9	6	4	5	2	8	7
4	5	8	9	2	7	1	3	6
8	7	3	2	5	4	9	6	1
5	9	4	7	1	6	8	2	3
1	2	6	3	8	9	4	7	5

Puzzle 219

2	1	8	4	7	5	9	6	3
4	7	5	6	9	3	2	1	8
3	9	6	1	2	8	5	4	7
6	3	1	8	5	9	4	7	2
9	2	4	7	6	1	3	8	5
8	5	7	2	3	4	1	9	6
7	6	3	9	1	2	8	5	4
1	8	2	5	4	7	6	3	9
5	4	9	3	8	6	7	2	1

Puzzle 220

1	7	3	4	9	5	8	2	6
2	4	5	6	1	8	3	7	9
6	8	9	2	7	3	5	4	1
9	1	8	5	4	6	7	3	2
7	2	4	3	8	1	9	6	5
5	3	6	7	2	9	1	8	4
4	9	7	8	5	2	6	1	3
3	5	2	1	6	7	4	9	8
8	6	1	9	3	4	2	5	7

Puzzle 221

5	2	3	1	7	4	8	6	9
8	7	1	5	9	6	2	3	4
4	6	9	3	2	8	7	5	1
6	5	2	7	4	9	1	8	3
7	1	8	2	3	5	9	4	6
3	9	4	6	8	1	5	2	7
9	4	6	8	1	2	3	7	5
2	3	5	9	6	7	4	1	8
1	8	7	4	5	3	6	9	2

Puzzle 222

5	4	9	3	8	1	7	2	6
6	7	1	4	9	2	5	3	8
8	2	3	7	6	5	1	4	9
9	1	2	8	4	6	3	5	7
4	5	8	1	7	3	6	9	2
7	3	6	2	5	9	8	1	4
3	9	5	6	2	7	4	8	1
1	8	7	9	3	4	2	6	5
2	6	4	5	1	8	9	7	3

Puzzle 223

4	7	5	1	2	9	6	3	8
3	1	8	7	6	5	9	2	4
9	6	2	3	4	8	7	1	5
8	9	4	5	1	2	3	6	7
5	3	1	6	9	7	4	8	2
7	2	6	8	3	4	5	9	1
1	8	7	9	5	6	2	4	3
6	4	3	2	7	1	8	5	9
2	5	9	4	8	3	1	7	6

Puzzle 224

3	5	4	8	1	9	7	2	6
8	9	6	3	2	7	5	1	4
2	1	7	4	5	6	8	3	9
7	2	5	6	3	8	4	9	1
1	6	8	2	9	4	3	5	7
4	3	9	1	7	5	2	6	8
5	4	1	9	8	3	6	7	2
9	8	3	7	6	2	1	4	5
6	7	2	5	4	1	9	8	3

Puzzle 225

2	5	3	8	9	6	4	7	1
8	6	1	5	7	4	2	3	9
9	7	4	3	2	1	8	5	6
5	8	7	4	6	3	1	9	2
1	9	2	7	5	8	3	6	4
4	3	6	2	1	9	7	8	5
7	2	8	9	4	5	6	1	3
3	1	5	6	8	2	9	4	7
6	4	9	1	3	7	5	2	8

Puzzle 226

3	1	5	4	7	6	9	8	2
8	7	2	5	3	9	4	1	6
9	4	6	1	2	8	3	7	5
5	8	1	7	9	2	6	4	3
4	3	9	8	6	5	7	2	1
2	6	7	3	4	1	5	9	8
6	5	8	9	1	4	2	3	7
7	2	4	6	8	3	1	5	9
1	9	3	2	5	7	8	6	4

Puzzle 227

8	5	1	3	7	6	9	4	2
7	6	2	5	4	9	8	1	3
9	4	3	1	2	8	5	7	6
1	8	4	7	3	2	6	5	9
5	9	7	6	8	4	3	2	1
2	3	6	9	1	5	4	8	7
4	1	5	2	6	3	7	9	8
6	7	9	8	5	1	2	3	4
3	2	8	4	9	7	1	6	5

Puzzle 228

6	4	9	5	3	8	1	2	7
8	1	5	4	7	2	6	3	9
3	7	2	9	6	1	8	5	4
5	6	1	2	4	7	9	8	3
7	8	4	1	9	3	2	6	5
2	9	3	8	5	6	4	7	1
4	2	6	3	1	5	7	9	8
9	3	7	6	8	4	5	1	2
1	5	8	7	2	9	3	4	6

Puzzle 229

7	9	2	3	6	4	5	8	1
4	8	6	5	7	1	2	3	9
1	3	5	8	2	9	7	4	6
2	6	7	9	1	8	4	5	3
5	1	3	6	4	7	9	2	8
8	4	9	2	3	5	1	6	7
9	5	1	4	8	6	3	7	2
6	2	4	7	9	3	8	1	5
3	7	8	1	5	2	6	9	4

Puzzle 230

9	2	6	7	8	1	5	3	4
3	8	7	2	4	5	6	1	9
5	1	4	6	3	9	7	2	8
1	5	8	3	9	6	2	4	7
4	3	9	5	2	7	1	8	6
7	6	2	4	1	8	3	9	5
8	4	5	1	7	2	9	6	3
2	7	3	9	6	4	8	5	1
6	9	1	8	5	3	4	7	2

Puzzle 231

6	1	7	4	5	8	9	3	2
2	3	8	1	6	9	4	7	5
9	4	5	3	7	2	6	8	1
8	9	1	6	2	5	3	4	7
5	6	2	7	3	4	1	9	8
3	7	4	9	8	1	5	2	6
7	8	3	5	9	6	2	1	4
1	5	9	2	4	7	8	6	3
4	2	6	8	1	3	7	5	9

Puzzle 232

2	3	4	9	5	7	6	8	1
8	5	1	3	2	6	9	4	7
7	9	6	8	4	1	3	5	2
6	2	9	1	7	4	5	3	8
3	1	8	5	6	9	2	7	4
4	7	5	2	8	3	1	6	9
9	4	7	6	1	5	8	2	3
1	6	2	7	3	8	4	9	5
5	8	3	4	9	2	7	1	6

Puzzle 233

6	7	2	9	4	8	3	1	5
9	5	3	2	1	6	8	7	4
4	8	1	7	5	3	2	6	9
8	9	5	3	6	2	7	4	1
7	3	6	4	8	1	9	5	2
1	2	4	5	7	9	6	3	8
5	6	7	8	9	4	1	2	3
2	4	9	1	3	7	5	8	6
3	1	8	6	2	5	4	9	7

Puzzle 234

9	2	3	5	4	6	7	1	8
6	4	1	8	2	7	5	9	3
8	7	5	9	3	1	4	6	2
7	5	6	1	9	2	3	8	4
3	8	2	6	7	4	9	5	1
4	1	9	3	5	8	6	2	7
5	6	8	7	1	3	2	4	9
1	3	4	2	6	9	8	7	5
2	9	7	4	8	5	1	3	6

Puzzle 235

6	9	5	3	4	7	2	8	1
3	1	2	5	6	8	9	4	7
8	4	7	2	9	1	6	5	3
9	7	1	8	2	4	3	6	5
5	8	4	9	3	6	1	7	2
2	6	3	1	7	5	8	9	4
4	2	6	7	1	9	5	3	8
1	5	9	4	8	3	7	2	6
7	3	8	6	5	2	4	1	9

Puzzle 236

3	2	7	4	5	1	9	8	6
5	8	4	9	2	6	3	7	1
6	9	1	7	8	3	2	5	4
4	5	3	6	1	8	7	9	2
7	1	2	3	9	4	8	6	5
8	6	9	5	7	2	1	4	3
1	4	5	8	3	7	6	2	9
2	7	6	1	4	9	5	3	8
9	3	8	2	6	5	4	1	7

Puzzle 237

1	8	9	3	5	7	6	2	4
3	2	7	9	4	6	5	1	8
6	4	5	2	1	8	7	9	3
4	7	2	6	3	1	8	5	9
8	1	6	5	2	9	4	3	7
9	5	3	8	7	4	2	6	1
7	6	4	1	9	5	3	8	2
2	9	8	4	6	3	1	7	5
5	3	1	7	8	2	9	4	6

Puzzle 238

6	2	4	7	9	1	5	3	8
3	5	8	2	4	6	9	1	7
7	9	1	5	3	8	2	4	6
9	3	2	1	8	4	7	6	5
4	6	7	9	2	5	3	8	1
8	1	5	6	7	3	4	9	2
1	7	3	4	6	2	8	5	9
5	4	9	8	1	7	6	2	3
2	8	6	3	5	9	1	7	4

Puzzle 239

2	8	9	3	5	1	4	6	7
4	7	5	2	9	6	1	3	8
1	3	6	7	4	8	9	5	2
7	4	1	9	6	3	8	2	5
8	5	3	1	2	7	6	4	9
9	6	2	5	8	4	3	7	1
5	2	4	6	1	9	7	8	3
6	1	7	8	3	2	5	9	4
3	9	8	4	7	5	2	1	6

Puzzle 240

2	6	4	5	9	1	8	3	7
9	3	8	6	2	7	5	1	4
1	5	7	3	4	8	6	9	2
8	9	2	4	5	3	7	6	1
4	7	5	8	1	6	3	2	9
6	1	3	9	7	2	4	8	5
5	2	6	7	3	9	1	4	8
7	8	1	2	6	4	9	5	3
3	4	9	1	8	5	2	7	6

Puzzle 241

9	7	5	6	8	1	4	3	2
3	6	4	7	2	9	5	1	8
2	1	8	4	3	5	6	7	9
5	4	6	2	1	7	9	8	3
1	8	9	3	6	4	7	2	5
7	3	2	5	9	8	1	6	4
4	9	3	8	7	6	2	5	1
8	5	7	1	4	2	3	9	6
6	2	1	9	5	3	8	4	7

Puzzle 242

2	8	1	5	9	4	6	7	3
4	6	5	8	7	3	9	2	1
3	9	7	1	6	2	5	8	4
9	4	2	3	5	1	7	6	8
7	5	3	6	8	9	1	4	2
8	1	6	2	4	7	3	5	9
6	7	9	4	1	8	2	3	5
5	2	8	9	3	6	4	1	7
1	3	4	7	2	5	8	9	6

Puzzle 243

2	1	6	9	5	3	8	7	4
8	5	9	4	1	7	6	2	3
7	3	4	2	6	8	5	9	1
9	2	3	6	4	5	7	1	8
1	7	5	3	8	9	2	4	6
6	4	8	1	7	2	9	3	5
3	9	1	8	2	6	4	5	7
4	8	7	5	9	1	3	6	2
5	6	2	7	3	4	1	8	9

Puzzle 244

6	9	4	1	7	8	2	3	5
2	8	1	9	5	3	4	6	7
3	5	7	2	6	4	1	9	8
9	7	8	4	2	5	6	1	3
4	6	2	7	3	1	5	8	9
5	1	3	6	8	9	7	2	4
7	2	5	3	9	6	8	4	1
8	4	9	5	1	2	3	7	6
1	3	6	8	4	7	9	5	2

Puzzle 245

3	5	4	2	7	1	6	8	9
6	9	1	8	3	5	4	7	2
2	8	7	4	6	9	1	3	5
4	1	2	6	8	3	5	9	7
9	3	5	7	1	4	8	2	6
7	6	8	5	9	2	3	4	1
1	7	9	3	4	6	2	5	8
5	4	6	9	2	8	7	1	3
8	2	3	1	5	7	9	6	4

Puzzle 246

5	1	2	4	6	9	3	7	8
7	4	8	5	2	3	6	1	9
9	3	6	1	8	7	2	5	4
4	9	7	8	1	6	5	2	3
3	2	5	9	7	4	8	6	1
6	8	1	3	5	2	9	4	7
1	6	9	7	3	5	4	8	2
2	7	4	6	9	8	1	3	5
8	5	3	2	4	1	7	9	6

Puzzle 247

2	5	4	8	9	6	3	7	1
8	7	1	5	4	3	2	9	6
6	9	3	1	2	7	5	4	8
5	3	7	6	1	8	4	2	9
4	2	6	7	5	9	8	1	3
9	1	8	4	3	2	7	6	5
3	8	2	9	6	4	1	5	7
1	4	9	3	7	5	6	8	2
7	6	5	2	8	1	9	3	4

Puzzle 248

9	7	1	6	8	5	3	4	2
4	8	6	3	7	2	1	5	9
5	3	2	9	1	4	7	6	8
7	5	9	2	3	8	4	1	6
6	2	3	5	4	1	9	8	7
8	1	4	7	9	6	2	3	5
3	4	7	8	6	9	5	2	1
1	6	5	4	2	7	8	9	3
2	9	8	1	5	3	6	7	4

Puzzle 249

8	7	1	4	5	9	6	2	3
3	9	2	7	1	6	5	4	8
6	4	5	2	3	8	9	7	1
5	6	7	1	2	3	8	9	4
2	8	9	5	6	4	1	3	7
1	3	4	8	9	7	2	5	6
4	2	8	9	7	1	3	6	5
9	1	3	6	4	5	7	8	2
7	5	6	3	8	2	4	1	9

Puzzle 250

8	3	5	4	9	6	1	2	7
2	7	9	3	5	1	4	8	6
1	4	6	8	7	2	3	9	5
4	1	7	9	6	5	2	3	8
9	6	3	1	2	8	5	7	4
5	2	8	7	4	3	6	1	9
3	8	4	5	1	9	7	6	2
6	5	1	2	8	7	9	4	3
7	9	2	6	3	4	8	5	1

Puzzle 251

2	5	9	1	3	7	6	8	4
1	3	6	9	8	4	5	2	7
4	7	8	6	2	5	9	3	1
7	2	3	5	1	8	4	9	6
5	8	4	3	6	9	1	7	2
6	9	1	4	7	2	3	5	8
9	4	2	7	5	1	8	6	3
8	6	5	2	4	3	7	1	9
3	1	7	8	9	6	2	4	5

Puzzle 252

7	1	4	6	2	3	5	9	8
2	5	9	4	1	8	7	6	3
3	8	6	5	9	7	1	2	4
1	7	8	9	6	2	3	4	5
4	2	3	1	7	5	6	8	9
9	6	5	3	8	4	2	7	1
8	4	7	2	5	1	9	3	6
6	3	1	7	4	9	8	5	2
5	9	2	8	3	6	4	1	7

Puzzle 253

2	9	5	1	6	7	3	4	8
8	7	4	2	3	5	1	9	6
1	6	3	8	4	9	5	7	2
4	1	6	9	7	8	2	3	5
7	2	8	4	5	3	9	6	1
5	3	9	6	2	1	7	8	4
6	4	1	3	9	2	8	5	7
3	8	7	5	1	6	4	2	9
9	5	2	7	8	4	6	1	3

Puzzle 254

7	6	4	5	8	1	9	2	3
8	3	9	6	4	2	7	1	5
5	1	2	7	3	9	4	8	6
6	8	7	2	5	3	1	9	4
2	9	5	1	6	4	8	3	7
3	4	1	9	7	8	6	5	2
4	2	8	3	9	6	5	7	1
9	5	3	4	1	7	2	6	8
1	7	6	8	2	5	3	4	9

Puzzle 255

2	6	8	1	3	4	9	7	5
4	9	5	8	6	7	2	1	3
1	7	3	9	5	2	4	8	6
9	3	4	6	1	5	7	2	8
7	1	6	4	2	8	5	3	9
8	5	2	7	9	3	6	4	1
5	8	1	2	4	9	3	6	7
6	2	9	3	7	1	8	5	4
3	4	7	5	8	6	1	9	2

Puzzle 256

4	9	7	2	5	8	3	6	1
5	6	8	1	4	3	9	7	2
2	3	1	7	6	9	5	8	4
7	5	4	8	3	6	1	2	9
8	1	9	4	2	5	6	3	7
3	2	6	9	7	1	8	4	5
1	8	2	3	9	4	7	5	6
9	4	5	6	8	7	2	1	3
6	7	3	5	1	2	4	9	8

Puzzle 257

9	7	2	1	8	4	3	6	5
5	8	6	3	2	9	4	1	7
3	1	4	7	5	6	8	9	2
7	3	8	2	9	1	5	4	6
4	9	5	6	7	3	1	2	8
6	2	1	5	4	8	7	3	9
8	6	7	4	1	2	9	5	3
2	4	9	8	3	5	6	7	1
1	5	3	9	6	7	2	8	4

Puzzle 258

6	4	9	7	5	2	1	3	8
5	1	2	6	8	3	4	9	7
7	8	3	4	1	9	6	2	5
3	5	4	8	6	7	9	1	2
2	6	8	1	9	5	7	4	3
1	9	7	2	3	4	5	8	6
9	7	6	3	4	8	2	5	1
4	3	1	5	2	6	8	7	9
8	2	5	9	7	1	3	6	4

Puzzle 259

9	6	1	8	2	7	3	4	5
3	2	8	4	6	5	1	9	7
4	5	7	3	9	1	6	8	2
1	4	6	9	3	2	5	7	8
5	7	9	1	8	6	4	2	3
8	3	2	5	7	4	9	6	1
2	9	5	7	4	3	8	1	6
6	1	4	2	5	8	7	3	9
7	8	3	6	1	9	2	5	4

Puzzle 260

7	3	1	5	6	2	8	9	4
2	5	9	1	8	4	7	3	6
4	6	8	3	9	7	1	5	2
5	1	6	4	2	3	9	8	7
8	2	7	6	5	9	3	4	1
3	9	4	7	1	8	6	2	5
9	4	3	2	7	6	5	1	8
6	8	5	9	4	1	2	7	3
1	7	2	8	3	5	4	6	9

Puzzle 261

8	9	1	3	5	6	2	4	7
3	6	4	7	1	2	9	5	8
7	5	2	8	9	4	1	3	6
1	8	6	4	3	7	5	2	9
4	2	5	9	8	1	6	7	3
9	3	7	2	6	5	8	1	4
5	4	3	6	2	8	7	9	1
2	7	8	1	4	9	3	6	5
6	1	9	5	7	3	4	8	2

Puzzle 262

5	4	8	2	7	9	3	6	1
2	6	9	1	3	4	8	7	5
1	3	7	5	6	8	9	2	4
8	2	4	3	1	6	7	5	9
6	7	1	4	9	5	2	8	3
3	9	5	7	8	2	1	4	6
4	1	6	8	2	3	5	9	7
9	8	3	6	5	7	4	1	2
7	5	2	9	4	1	6	3	8

Puzzle 263

9	5	6	1	4	7	2	3	8
4	7	8	5	3	2	6	1	9
1	2	3	6	8	9	7	4	5
2	6	7	9	1	4	8	5	3
5	3	1	8	2	6	9	7	4
8	9	4	3	7	5	1	6	2
3	4	2	7	6	8	5	9	1
6	1	5	2	9	3	4	8	7
7	8	9	4	5	1	3	2	6

Puzzle 264

5	9	7	2	6	1	4	3	8
6	4	2	3	8	5	1	9	7
8	1	3	9	7	4	2	5	6
2	6	5	4	1	9	7	8	3
4	8	9	5	3	7	6	2	1
3	7	1	6	2	8	9	4	5
7	3	6	8	4	2	5	1	9
1	5	4	7	9	3	8	6	2
9	2	8	1	5	6	3	7	4

Puzzle 265

6	4	1	3	7	9	2	5	8
2	8	9	5	1	4	3	6	7
5	3	7	2	8	6	4	1	9
1	9	6	7	5	2	8	4	3
3	7	8	9	4	1	5	2	6
4	2	5	6	3	8	7	9	1
7	1	3	4	9	5	6	8	2
8	6	4	1	2	3	9	7	5
9	5	2	8	6	7	1	3	4

Puzzle 266

8	2	4	7	5	3	9	6	1
5	9	7	8	1	6	4	3	2
6	3	1	4	9	2	8	7	5
9	6	2	5	4	1	3	8	7
1	4	8	6	3	7	5	2	9
3	7	5	2	8	9	6	1	4
4	1	9	3	7	8	2	5	6
7	8	6	9	2	5	1	4	3
2	5	3	1	6	4	7	9	8

Puzzle 267

9	2	8	3	1	5	6	7	4
5	3	4	9	6	7	1	2	8
6	7	1	2	8	4	5	3	9
8	5	3	1	9	6	2	4	7
7	1	9	5	4	2	3	8	6
4	6	2	7	3	8	9	1	5
1	4	6	8	5	3	7	9	2
2	9	5	4	7	1	8	6	3
3	8	7	6	2	9	4	5	1

Puzzle 268

6	8	1	9	2	5	7	3	4
3	4	2	8	1	7	6	9	5
7	5	9	4	6	3	2	1	8
8	9	3	7	4	2	1	5	6
2	6	4	1	5	9	8	7	3
1	7	5	6	3	8	9	4	2
4	2	8	3	9	1	5	6	7
5	1	6	2	7	4	3	8	9
9	3	7	5	8	6	4	2	1

Puzzle 269

3	5	1	2	7	8	6	4	9
9	7	8	5	4	6	1	3	2
4	2	6	3	9	1	7	8	5
5	3	2	4	6	9	8	7	1
7	6	9	8	1	3	2	5	4
8	1	4	7	5	2	9	6	3
6	8	3	1	2	5	4	9	7
1	9	7	6	3	4	5	2	8
2	4	5	9	8	7	3	1	6

Puzzle 270

9	2	8	6	3	7	5	4	1
4	7	3	5	8	1	6	2	9
6	1	5	9	2	4	3	7	8
1	5	6	8	4	3	2	9	7
3	8	7	2	6	9	4	1	5
2	4	9	1	7	5	8	6	3
8	9	2	7	5	6	1	3	4
5	3	1	4	9	2	7	8	6
7	6	4	3	1	8	9	5	2

Puzzle 271

6	1	8	5	3	2	7	9	4
9	5	3	4	8	7	6	2	1
4	2	7	9	1	6	8	3	5
3	4	9	7	2	1	5	6	8
1	6	5	8	9	4	3	7	2
8	7	2	3	6	5	1	4	9
7	9	4	6	5	8	2	1	3
2	8	6	1	4	3	9	5	7
5	3	1	2	7	9	4	8	6

Puzzle 272

8	4	9	2	5	7	6	1	3
5	2	7	6	1	3	8	9	4
1	3	6	8	9	4	2	5	7
7	1	8	5	4	9	3	6	2
4	9	3	7	2	6	5	8	1
2	6	5	1	3	8	7	4	9
9	8	2	3	6	1	4	7	5
6	5	1	4	7	2	9	3	8
3	7	4	9	8	5	1	2	6

Puzzle 273

2	8	6	3	9	1	4	7	5
7	9	3	4	6	5	8	2	1
5	1	4	7	8	2	6	9	3
9	3	5	8	2	4	1	6	7
8	6	2	1	5	7	3	4	9
1	4	7	9	3	6	5	8	2
3	2	1	6	7	8	9	5	4
6	7	9	5	4	3	2	1	8
4	5	8	2	1	9	7	3	6

Puzzle 274

6	4	8	9	7	5	3	1	2
5	2	1	3	8	6	4	7	9
3	7	9	1	4	2	5	6	8
7	9	3	2	1	8	6	5	4
8	5	4	7	6	9	1	2	3
1	6	2	4	5	3	9	8	7
2	8	5	6	9	4	7	3	1
9	3	7	5	2	1	8	4	6
4	1	6	8	3	7	2	9	5

Puzzle 275

1	5	3	4	8	7	2	9	6
2	7	6	1	5	9	8	4	3
9	8	4	3	2	6	7	1	5
6	1	9	2	3	4	5	7	8
4	3	5	9	7	8	6	2	1
7	2	8	6	1	5	4	3	9
3	6	2	5	4	1	9	8	7
8	9	1	7	6	2	3	5	4
5	4	7	8	9	3	1	6	2

Puzzle 276

2	8	6	5	9	3	1	4	7
9	1	7	6	4	2	5	8	3
3	4	5	7	1	8	9	2	6
5	7	2	1	8	4	3	6	9
8	9	4	3	6	5	7	1	2
6	3	1	9	2	7	8	5	4
4	5	3	2	7	1	6	9	8
7	2	9	8	5	6	4	3	1
1	6	8	4	3	9	2	7	5

Puzzle 277

9	3	4	2	7	8	5	1	6
6	1	2	9	5	4	3	8	7
7	8	5	3	6	1	9	4	2
5	7	8	1	9	3	2	6	4
3	4	9	8	2	6	1	7	5
1	2	6	5	4	7	8	3	9
8	5	7	4	1	9	6	2	3
2	6	3	7	8	5	4	9	1
4	9	1	6	3	2	7	5	8

Puzzle 278

4	3	5	6	8	9	2	1	7
1	7	6	4	2	5	3	9	8
2	8	9	1	3	7	6	4	5
8	1	4	5	9	2	7	6	3
7	5	2	3	6	1	9	8	4
9	6	3	8	7	4	5	2	1
3	9	8	7	1	6	4	5	2
6	4	7	2	5	8	1	3	9
5	2	1	9	4	3	8	7	6

Puzzle 279

2	8	3	5	6	4	1	7	9
7	5	9	8	2	1	4	3	6
6	4	1	3	9	7	5	8	2
3	9	5	1	8	2	7	6	4
1	2	4	6	7	9	3	5	8
8	7	6	4	5	3	9	2	1
9	3	2	7	4	6	8	1	5
5	6	7	9	1	8	2	4	3
4	1	8	2	3	5	6	9	7

Puzzle 280

2	4	5	9	1	3	8	6	7
9	8	7	2	5	6	4	1	3
1	3	6	4	8	7	9	2	5
4	2	1	6	7	5	3	8	9
6	9	8	3	2	4	5	7	1
5	7	3	1	9	8	2	4	6
3	1	2	7	4	9	6	5	8
8	6	4	5	3	1	7	9	2
7	5	9	8	6	2	1	3	4

Puzzle 281

6	1	9	3	5	4	8	7	2
7	2	5	1	8	6	9	4	3
3	8	4	2	9	7	5	6	1
4	6	1	7	2	8	3	9	5
2	5	3	4	6	9	7	1	8
9	7	8	5	1	3	4	2	6
1	3	6	9	7	5	2	8	4
8	4	7	6	3	2	1	5	9
5	9	2	8	4	1	6	3	7

Puzzle 282

8	3	6	7	1	5	2	4	9
2	7	4	9	3	6	1	5	8
5	9	1	4	8	2	6	7	3
1	8	2	5	9	4	7	3	6
6	4	7	8	2	3	5	9	1
3	5	9	1	6	7	8	2	4
9	2	5	6	4	8	3	1	7
7	1	8	3	5	9	4	6	2
4	6	3	2	7	1	9	8	5

Puzzle 283

6	5	4	3	7	1	9	8	2
1	9	7	2	6	8	4	5	3
2	3	8	9	4	5	1	7	6
8	7	1	6	5	2	3	9	4
4	2	5	1	3	9	8	6	7
3	6	9	7	8	4	2	1	5
9	8	6	5	2	3	7	4	1
5	1	2	4	9	7	6	3	8
7	4	3	8	1	6	5	2	9

Puzzle 284

6	5	9	3	8	7	2	1	4
7	2	4	1	6	9	8	5	3
3	1	8	4	5	2	7	9	6
2	9	7	5	1	6	3	4	8
5	6	3	9	4	8	1	7	2
8	4	1	7	2	3	9	6	5
9	3	6	2	7	4	5	8	1
1	8	2	6	9	5	4	3	7
4	7	5	8	3	1	6	2	9

Puzzle 285

2	4	7	3	6	9	8	1	5
5	9	1	4	7	8	2	3	6
6	3	8	2	1	5	7	4	9
8	2	5	1	3	7	6	9	4
4	6	3	8	9	2	1	5	7
7	1	9	5	4	6	3	2	8
9	7	4	6	2	1	5	8	3
1	8	6	9	5	3	4	7	2
3	5	2	7	8	4	9	6	1

Puzzle 286

7	8	9	1	4	6	3	2	5
6	4	3	7	5	2	1	8	9
2	1	5	3	8	9	4	6	7
8	6	4	2	1	5	7	9	3
9	3	2	4	6	7	5	1	8
5	7	1	9	3	8	2	4	6
4	5	7	6	9	1	8	3	2
1	9	8	5	2	3	6	7	4
3	2	6	8	7	4	9	5	1

Puzzle 287

6	9	3	4	7	5	1	8	2
1	7	5	8	3	2	4	6	9
2	4	8	1	6	9	7	5	3
8	3	7	9	4	6	2	1	5
4	6	1	5	2	3	8	9	7
9	5	2	7	8	1	6	3	4
3	2	4	6	5	8	9	7	1
5	1	6	2	9	7	3	4	8
7	8	9	3	1	4	5	2	6

Puzzle 288

3	6	1	8	7	4	2	9	5
7	2	9	1	6	5	8	3	4
4	8	5	2	9	3	6	7	1
8	9	3	5	4	1	7	2	6
1	7	2	6	3	9	5	4	8
6	5	4	7	2	8	3	1	9
5	4	7	9	8	2	1	6	3
9	1	6	3	5	7	4	8	2
2	3	8	4	1	6	9	5	7

Puzzle 289

3	5	4	6	2	8	9	7	1
1	7	8	5	9	3	6	4	2
2	9	6	7	4	1	3	5	8
5	3	1	9	6	4	8	2	7
8	2	7	3	1	5	4	6	9
6	4	9	8	7	2	1	3	5
4	8	5	2	3	9	7	1	6
7	1	2	4	8	6	5	9	3
9	6	3	1	5	7	2	8	4

Puzzle 290

8	5	7	3	4	2	6	1	9
9	2	6	5	7	1	3	8	4
3	4	1	6	9	8	5	2	7
4	6	9	1	2	3	7	5	8
5	7	8	4	6	9	1	3	2
2	1	3	8	5	7	4	9	6
6	9	4	2	3	5	8	7	1
7	8	5	9	1	6	2	4	3
1	3	2	7	8	4	9	6	5

Puzzle 291

9	7	3	8	2	5	4	6	1
6	2	5	9	4	1	3	8	7
8	1	4	7	3	6	5	2	9
2	3	9	1	8	7	6	4	5
5	4	8	2	6	9	1	7	3
7	6	1	3	5	4	2	9	8
4	8	7	5	1	2	9	3	6
1	9	6	4	7	3	8	5	2
3	5	2	6	9	8	7	1	4

Puzzle 292

8	2	6	1	3	5	9	4	7
5	1	4	6	9	7	3	8	2
9	7	3	8	4	2	1	5	6
1	5	7	2	8	4	6	9	3
2	3	8	5	6	9	4	7	1
6	4	9	3	7	1	5	2	8
3	8	2	9	5	6	7	1	4
7	6	5	4	1	8	2	3	9
4	9	1	7	2	3	8	6	5

Puzzle 293

3	7	9	2	1	8	5	4	6
2	5	8	7	6	4	1	3	9
1	4	6	5	9	3	2	7	8
7	9	2	3	8	1	4	6	5
5	3	4	9	7	6	8	2	1
8	6	1	4	5	2	3	9	7
4	8	7	6	2	5	9	1	3
6	2	5	1	3	9	7	8	4
9	1	3	8	4	7	6	5	2

Puzzle 294

8	3	9	2	4	6	1	5	7
7	4	5	3	9	1	2	8	6
2	6	1	5	8	7	9	3	4
3	8	2	6	7	9	5	4	1
9	1	7	8	5	4	3	6	2
6	5	4	1	2	3	7	9	8
5	7	8	9	6	2	4	1	3
4	9	3	7	1	8	6	2	5
1	2	6	4	3	5	8	7	9

Puzzle 295

8	9	6	5	4	1	7	2	3
2	4	3	6	9	7	5	8	1
5	1	7	2	3	8	4	6	9
9	3	5	1	8	4	6	7	2
7	2	4	9	6	5	1	3	8
6	8	1	7	2	3	9	5	4
1	5	8	3	7	9	2	4	6
4	7	2	8	1	6	3	9	5
3	6	9	4	5	2	8	1	7

Puzzle 296

9	3	5	4	7	2	1	6	8
7	2	1	5	8	6	4	3	9
8	6	4	9	1	3	5	2	7
3	1	6	2	5	7	8	9	4
5	9	7	6	4	8	2	1	3
4	8	2	1	3	9	7	5	6
6	5	3	8	2	4	9	7	1
1	7	8	3	9	5	6	4	2
2	4	9	7	6	1	3	8	5

Puzzle 297

7	9	1	3	6	8	5	2	4
8	6	4	1	2	5	9	3	7
5	2	3	4	9	7	1	8	6
4	7	2	9	8	3	6	5	1
9	5	6	7	1	2	8	4	3
1	3	8	6	5	4	7	9	2
3	8	9	2	7	6	4	1	5
2	1	7	5	4	9	3	6	8
6	4	5	8	3	1	2	7	9

Puzzle 298

2	9	8	4	5	6	3	1	7
4	1	7	2	9	3	5	6	8
5	6	3	7	1	8	4	9	2
3	5	4	8	6	7	1	2	9
1	7	6	9	3	2	8	4	5
8	2	9	1	4	5	6	7	3
6	4	2	3	8	9	7	5	1
7	3	5	6	2	1	9	8	4
9	8	1	5	7	4	2	3	6

Puzzle 299

1	7	5	6	2	8	3	4	9
9	8	4	1	3	5	2	7	6
3	2	6	9	4	7	8	5	1
4	6	7	2	1	9	5	3	8
2	1	3	8	5	6	7	9	4
8	5	9	4	7	3	6	1	2
6	3	2	5	9	4	1	8	7
5	9	8	7	6	1	4	2	3
7	4	1	3	8	2	9	6	5

Puzzle 300

9	7	4	6	1	2	8	3	5
5	2	3	7	9	8	1	6	4
1	8	6	3	5	4	7	2	9
3	1	9	5	2	6	4	7	8
6	5	7	4	8	1	2	9	3
8	4	2	9	7	3	6	5	1
7	9	1	2	4	5	3	8	6
2	6	8	1	3	9	5	4	7
4	3	5	8	6	7	9	1	2